高性能混凝土外加剂
——性能、配方、制备、检测

夏寿荣　编著

GAOXINGNENG HUNNINGTU WAIJIAJI
XINGNENG PEIFANG ZHIBEI JIANCE

化学工业出版社

·北京·

本书以国内外最新的技术文献资料和专利科研成果为依据，以高性能混凝土外加剂为重点，建筑垃圾再生骨料混凝土外加剂为导向，共收载选编了高性能混凝土外加剂产品配方70余例，内容包括聚羧酸系高性能减水剂、高强高性能混凝土矿物外加剂、高性能混凝土外加剂试验与检测、再生骨料混凝土外加剂。各配方中，对每个产品的特点、用途、配制方法、产品技术性能、施工方法都做了系统的阐述。

　　本书所选配方资料真实，具有生产工艺简单、原料来源广、商品实用性强、应用效果好等特点，可供外加剂企业开发新产品时直接采用，通过试制投产。

　　本书可供从事混凝土施工及混凝土外加剂生产的技术人员阅读，也可作为混凝土外加剂产品研发、生产和管理人员的参考资料。

图书在版编目（CIP）数据

高性能混凝土外加剂：性能、配方、制备、检测/
夏寿荣编著. —北京：化学工业出版社，2019.6（2023.10 重印）
ISBN 978-7-122-34086-3

Ⅰ.①高…　Ⅱ.①夏…　Ⅲ.①混凝土－水泥外加剂－
研究　Ⅳ.①TU528.042

中国版本图书馆 CIP 数据核字（2019）第 049598 号

责任编辑：傅聪智　张　欣　　　　　　　　装帧设计：王晓宇
责任校对：王素芹

出版发行：化学工业出版社（北京市东城区青年湖南街 13 号　邮政编码 100011）
印　　装：北京建宏印刷有限公司
710mm×1000mm　1/16　印张 10¾　字数 206 千字　　2023 年 10 月北京第 1 版第 7 次印刷

购书咨询：010-64518888　　　　售后服务：010-64518899
网　　址：http://www.cip.com.cn
凡购买本书，如有缺损质量问题，本社销售中心负责调换。

定　　价：49.00 元

前言

高性能减水剂是制备高性能混凝土必不可少的外加剂之一，是在混凝土坍落度基本相同的条件下，能大幅度减少拌合用水量的外加剂，它能使高性能混凝土在水胶比很低时，混凝土拌合物还具有良好的工作性和匀质性。

随着混凝土技术向高强、高性能方向发展，对外加剂特别是高性能混凝土减水剂提出了更高的要求。而传统的萘系、三聚氰胺以及木质素减水剂对新拌混凝土具有较好的工作性，但坍落度经时变化大，而且这类减水剂在生产过程中会对环境造成污染，不利于可持续发展。而以聚羧酸类低分子量梳形接枝聚合物为主要成分的高性能减水剂，具有一定的引气性，掺量低、减水率高、坍落度经时损失小、水泥用量低、与大掺量的矿渣粉及粉煤灰适应性好；而且收缩与徐变小，产品生产中不含甲醛和硫酸钠盐，氯离子和碱含量低，具有较好的坍落度保持性能，分子结构上自由度大，制造技术上可控参数多，高性能化的潜力大。国内外大量的工程实践都证明，推广应用聚羧酸系高性能减水剂是混凝土向高性能化方向发展的必然要求。

绿色高性能混凝土的主要特征是：更多地掺加以工业废渣为主的掺合料，控制和减少水泥熟料的用量；更大程度地发挥混凝土的高性能优势，提高耐久性，延长建筑物的使用寿命。因此，对现有的聚羧酸系高效减水剂的改性，是实施绿色高性能混凝土高效减水剂低碳化所面临的长期而艰巨的任务。

近二三十年，我国大规模的现代化建设带来建筑业的蓬勃发展，随着城镇化步伐加快，每天都有旧建筑物被拆除，新建筑物在兴建。由此产生了大量建筑垃圾，其数量已占到城市垃圾总量的 30%~40%；据初步粗略统计，在每万平方米建筑的施工过程中，仅建筑废渣就会产生 500~600t，由此引发的资源、能源和环境问题日益严重。根据 2014 年底在北京发布的《我国建筑垃圾资源化产业发展报告（2014年度）》显示，我国建筑垃圾 2014 年度产生量超过 15 亿吨，数字触目惊心。城市建筑垃圾减量化和资源化处理，生产再生混凝土能降低环境负荷，有利于保护环境，是我国发展循环经济、节能减排、建设资源节约和环境友好型社会、实现持续发展的重要战略目标之一。它不仅符合生态环境保护的需要，也是可持续发展的需要。将废弃混凝土经过清洗、破碎、分级和按一定比例相互配合后制得再生骨料或再生混凝土，大力发展低碳混凝土和推广建筑废弃物的再生利用是实现城市建筑垃圾减量化的重要途径。

本书共分设 5 章，内容以国内外最新的技术文献资料和专利科研成果为依据，以高性能混凝土外加剂为重点，建筑垃圾再生骨料混凝土外加剂为导向，较全面、系统地阐述了高性能混凝土及再生骨料混凝土外加剂的性能、配方、制备、质量检测、施工应用规范等，是一本基本理论与实用技术紧密结合的专业读物。本书资料新颖、实用性强，可供从事混凝土施工及混凝土外加剂生产的技术人员阅读，也可作为混凝土外加剂产品研发、生产和管理人员的参考资料。

本书编写过程中，借鉴并参考了不少技术文献。在此，谨向各位原著作者致以衷心的感谢！

化学工业出版社在本书出版、编写工作中给予了大力支持和帮助，在此表示诚挚的谢意！

由于水平有限，时间仓促，书中不妥之处敬请读者赐教。

编　者

2019 年 5 月于南京

目录

第 1 章　高性能混凝土外加剂概述

1.1　高性能混凝土减水剂的结构特征与分类 ················· 002

1.2　高性能混凝土减水剂的特点 ··························· 003

　1.2.1　性能特点 ······································· 003

　1.2.2　组成结构特点 ··································· 004

1.3　高性能混凝土减水剂的适用范围 ····················· 004

1.4　高性能混凝土减水剂的技术性能及主要品种 ··········· 004

　1.4.1　高性能混凝土减水剂的主要性能 ················· 004

　1.4.2　高性能混凝土减水剂的技术性能要求 ············· 005

　1.4.3　高性能混凝土减水剂的主要品种 ················· 006

1.5　高性能混凝土减水剂对水泥及混合材的适应性 ········· 009

1.6　高性能减水剂对泌水量的影响 ······················· 011

1.7　高性能混凝土如何选择减水剂 ······················· 012

1.8　高性能混凝土减水剂的应用技术要点 ················· 012

第 2 章　聚羧酸系高性能减水剂

2.1　聚羧酸系高性能减水剂的定义及类型 ················· 014

2.2　聚羧酸系高性能减水剂的结构特性 ··················· 016

2.3　聚羧酸系高性能减水剂的性能特点 ··················· 016

2.4　聚羧酸系高性能减水剂的作用机理 ··················· 017

2.5　聚羧酸系高性能减水剂的合成方法 ··················· 018

2.6　聚羧酸系高性能减水剂的应用前景 ··················· 021

2.7　聚羧酸系高性能减水剂配方精选 ····················· 022

　配方 1　PAA 聚羧酸系高性能减水剂 ···················· 022

　配方 2　丙烯酸酯接枝共聚物聚羧酸盐高性能减水剂 ······ 023

　配方 3　单糖接枝改性聚羧酸高效减水剂 ················ 025

　配方 4　控制坍落度损失型高性能混凝土泵送剂 ·········· 027

　配方 5　钢管混凝土缓凝高效减水保塑剂 ················ 028

　配方 6　聚羧酸系高性能减水剂（1） ··················· 029

　配方 7　聚羧酸系高性能减水剂（2） ··················· 030

　配方 8　聚羧酸系高性能减水剂（3） ··················· 030

　配方 9　聚羧酸系高性能减水剂（4） ··················· 031

　配方 10　复合聚羧酸减水剂 ··························· 032

配方 11　烯丙基聚醚型聚羧酸高性能减水剂 ·················· 034

配方 12　聚醚类聚羧酸高性能减水剂 ························· 036

配方 13　早强型聚羧酸系高性能减水剂 ······················· 037

配方 14　聚甲基丙烯磺酸钠改性聚羧酸系高性能减水剂 ········· 039

配方 15　星型聚羧酸系高性能减水剂 ························· 040

配方 16　PC-1 保塑型聚醚类聚羧酸系高性能减水剂 ············ 043

配方 17　PC-2 聚羧酸高性能减水剂 ·························· 047

配方 18　PC-3 聚羧酸高性能减水剂 ·························· 050

配方 19　ASP-QN 氨基磺酸盐高性能减水剂 ·················· 051

配方 20　JP-C 引气型聚羧酸系高性能减水剂 ················· 053

配方 21　SP 高性能混凝土泵送剂 ··························· 055

配方 22　高性能混凝土聚羧酸系液体防冻剂 ··················· 056

配方 23　GJ-ZM 酯醚混合型超早强聚羧酸高性能减水剂 ········ 057

配方 24　改性聚羧酸高性能减水剂 ··························· 059

配方 25　缓释型聚羧酸系高性能减水剂 ······················· 061

配方 26　超高效聚羧酸系减水剂 ····························· 063

配方 27　聚羧酸系泵送剂 ·································· 065

配方 28　聚羧酸系高减水保坍早强型高效泵送剂 ··············· 066

配方 29　高性能氨基磺酸减水剂 ····························· 067

配方 30　丙烯酸羟丙酯聚羧酸系高性能混凝土减水剂 ··········· 069

配方 31　FE-2 磺化对氨基苯磺酸高性能混凝土减水剂 ·········· 070

配方 32　PEM 型聚羧酸系高性能减水剂 ······················ 071

配方 33　超低水化热聚羧酸系高性能减水剂 ··················· 073

配方 34　聚羧酸系聚醚类高性能减水剂 ······················· 074

配方 35　CUMT-PC 水溶性接枝聚羧酸类高性能减水剂 ·········· 075

配方 36　聚醚类绿色环保型聚羧酸盐高性能减水剂 ············· 078

配方 37　引气保坍型聚羧酸系高性能混凝土减水剂 ············· 079

配方 38　徐放型聚羧酸系高性能减水剂 ······················· 080

配方 39　酯醚混合型超早强聚羧酸系高性能减水剂 ············· 081

配方 40　改性脂肪酸环保型高效减水剂 ······················· 083

配方 41　PC-5 聚醚类保塑型聚羧酸系高性能减水剂 ············ 084

配方 42　保坍型聚羧酸系高性能减水剂 ······················· 086

配方 43　改性聚羧酸系高性能减水剂 ························· 087

配方 44　粉体聚羧酸系高性能减水剂 ························· 088

配方 45　PC-4 高减水高保坍型聚羧酸系高性能减水剂 ·········· 090

配方 46　超高效聚羧酸系高性能减水剂 ······················· 091

配方 47　超高强混凝土泵送减水剂 ··························· 093

  配方 48 合成聚羧酸系高性能混凝土减水剂 ······················ 094

  配方 49 缓释型聚氧乙烯醚聚羧酸系高性能减水剂 ············ 096

  配方 50 烯丙基聚乙二醇合成聚羧酸系高性能减水剂 ········ 097

  配方 51 甲基丙烯酸类聚羧酸系高性能减水剂 ·················· 099

第 3 章 高强高性能混凝土矿物外加剂

3.1 高强高性能混凝土矿物外加剂的主要特点及适用范围 ············· 101

3.2 高强高性能混凝土矿物外加剂的分类及主要品种 ···················· 102

  3.2.1 矿渣微粉 ·· 102

  3.2.2 粉煤灰 ·· 104

  3.2.3 硅粉 ··· 105

  3.2.4 沸石粉 ·· 107

  3.2.5 偏高岭土 ·· 108

  3.2.6 石灰石粉 ·· 109

3.3 高强高性能混凝土矿物外加剂在高性能混凝土中的作用 ········· 109

  3.3.1 改善新拌混凝土的工作性 ································· 109

  3.3.2 降低混凝土的温升 ··· 109

  3.3.3 增进混凝土的后期强度 ···································· 109

  3.3.4 提高混凝土的抗化学腐蚀能力，增强混凝土的耐久性 ········ 109

  3.3.5 不同品种矿物外加剂复合使用的"超叠效应" ········ 109

3.4 高强高性能混凝土矿物外加剂应用技术要点 ······················· 110

3.5 大掺量粉煤灰混凝土 ······································· 111

第 4 章 高性能混凝土外加剂试验与检测

4.1 高性能混凝土外加剂检测方法（GB 8076—2008） ·············· 115

  4.1.1 取样及批号 ··· 115

  4.1.2 试样及留样 ··· 116

  4.1.3 检验分类 ·· 116

  4.1.4 判定规则 ·· 117

  4.1.5 复检 ··· 117

4.2 高性能混凝土外加剂试验 ···································· 117

  4.2.1 试验用材料 ··· 117

  4.2.2 配合比 ·· 118

  4.2.3 混凝土搅拌 ··· 118

  4.2.4 试验项目所需试件数量 ···································· 118

  4.2.5 高性能混凝土外加剂性能要求及试验条件 ·········· 119

4.3 高性能混凝土外加剂与水泥之间的相容性检测方法 ·············· 120

4.3.1　混凝土坍落度法 ………………………………………………… 121

4.3.2　微坍落度法 …………………………………………………………… 121

4.3.3　漏斗法 ……………………………………………………………………… 121

4.3.4　水泥浆体稠度法 ………………………………………………… 121

4.3.5　水泥净浆流动度法 ……………………………………………… 122

第 5 章　再生骨料混凝土外加剂

5.1　建筑垃圾再生骨料混凝土概述 ……………………………………… 123

5.2　建筑垃圾混凝土废弃物的循环再利用 …………………………… 124

5.3　建筑垃圾再生骨料的物理性质 ……………………………………… 124

5.4　建筑垃圾再生骨料的基本性能 ……………………………………… 126

5.5　建筑垃圾再生骨料生产工艺流程及应用领域 ………………… 127

　5.5.1　再生骨料的生产工艺流程 ………………………………… 127

　5.5.2　再生骨料的应用领域 ………………………………………… 128

5.6　建筑垃圾再生骨料混凝土的配合比设计 ………………………… 128

5.7　低碳混凝土与低水泥用量高强预拌混凝土 …………………… 129

　5.7.1　低碳混凝土 …………………………………………………………… 130

　5.7.2　低水泥用量高强预拌混凝土 …………………………… 130

　5.7.3　低水泥用量混凝土配方 ……………………………………… 131

　配方 52　低水泥用量 200m 高度以下 C70 自密实混凝土配方 ……… 131

　配方 53　低水泥用量 C80 蒸压预制管桩混凝土的配方 ……………… 131

　配方 54　低水泥用量 C100 免压蒸预制管桩混凝土配方 …………… 131

5.8　再生骨料混凝土外加剂 ………………………………………………… 132

　5.8.1　再生骨料混凝土制品常用的外加剂 …………………… 133

　5.8.2　建筑垃圾再生骨料混凝土外加剂配方精选 ………… 134

　配方 55　再生骨料表面处理剂 ………………………………………… 134

　配方 56　再生骨料混凝土制品复合外加剂 …………………… 136

　配方 57　再生骨料混凝土专用高效减水剂 …………………… 137

　配方 58　再生骨料混凝土早强减水剂 …………………………… 139

　配方 59　用于再生骨料混凝土的 JPC 聚羧酸减水剂 ………… 140

　配方 60　用于再生混凝土骨料的纳米改性剂 ………………… 142

　配方 61　城市垃圾再生混凝土用增强型外加剂 …………… 142

　配方 62　再生骨料与沥青混合料用有机硅强化剂 ……… 144

　配方 63　再生骨料混凝土早强激发剂 …………………………… 146

　配方 64　再生骨料混凝土用超早强聚羧酸高性能减水剂 ……… 147

　配方 65　再生骨料混凝土水泥混合材激发剂 ……………… 148

　配方 66　建筑垃圾制新型墙体材料 ………………………………… 149

配方 67 再生骨料型生态混凝土用外加剂 …………………………………… 150
配方 68 建筑垃圾水泥混合材外加剂 …………………………………… 151
配方 69 再生骨料混凝土抗裂添加剂 …………………………………… 152
配方 70 再生骨料混凝土用改性氨基磺酸盐高效减水剂 …………………… 153
配方 71 FW-P 再生骨料混凝土专用复合高效减水剂 ……………………… 154

参考文献

第1章

高性能混凝土外加剂概述

目前，中国生产的混凝土外加剂包括合成减水剂（高性能减水剂、高效减水剂、普通减水剂）、膨胀剂、引气剂、速凝剂和缓凝剂等，其中，合成减水剂的产量最高。在混凝土施工中减水剂是起关键性作用的外加剂。减水剂的研究和应用能更好地满足施工要求，提高施工技术。

高性能混凝土是指有高耐久性、低变形性、高强度、高流动性和体积稳定性的混凝土。要同时达到这些要求的方法就是在配制的过程中要尽量缩小水胶比，提高混凝土的和易性、流动性、稳定性，高性能减水剂就成了必不可少的外加剂。

由于高性能减水剂是最主要的高性能混凝土外加剂，因此，本书主要围绕高性能减水剂进行介绍。

目前我国开发的高性能减水剂主要以聚羧酸系减水剂为主，具有"梳状"的结构特点，由带有游离的羧酸阴离子团的主链和聚氧乙烯基侧链组成。用改变单体的种类、比例和反应条件等方法可生产具有各种不同性能和特性的高性能减水剂。早强型、标准型和缓凝型高性能减水剂可由分子设计引入不同官能团生产，也可掺入不同组分复配而成。

自1986年日本的触媒公司首次将聚羧酸系高性能混凝土减水剂产品打入市场以来，国内对聚羧酸系高性能减水剂的研究有了很大的进步，现已由第一代聚羧酸系减水剂［甲基丙烯酸/烯酸酯、马来酸（酐）/苯乙烯共聚物］、第二代聚羧酸盐系减水剂［烯基醚（酯）共聚物］发展到第三代聚羧酸盐减水剂（酰胺/酰亚胺型）、第四代聚酰胺——聚乙烯乙二醇支链的新型高效减水剂。

近几十年以来，我国混凝土工程技术取得了很大进步。混凝土拌合物性能从干硬性、塑性到大流动性，混凝土强度从中低强度到高强度，混凝土的综合性能从普通性能开始向高性能方向发展。混凝土工程技术的巨大进步与混凝土外加剂，尤其是高性能减水剂的发展应用密切相关，没有混凝土高性能减水剂技术的应用与发展，就不可能有现代混凝土技术的发展。

高性能减水剂是具有一定引气性的外加剂，且比高效减水剂具更高减水率、更好坍落度保持性能和较小干燥收缩。高性能减水剂是制备高性能混凝土必不可少的技术措施之一，在混凝土坍落度基本相同的条件下，能大幅减少拌合用水量；能使高性能混凝土在水胶比很低时，混凝土拌合物还具有良好的工作性和匀质性。高性能混凝土所要求的外加剂必须具备：

（1）减水剂对水泥颗粒的分散性要好，对混凝土减水率要高（至少在25%以上）；

（2）混凝土坍落度和扩展度的经时变化损失小，2h内损失率小于10%直至基本无损失；

（3）有一定的引气性和较小的混凝土收缩（不超过3%）；

（4）含碱量低、不含氯离子，因此能显著改善混凝土的性能，预拌混凝土有优良的和易性，硬化混凝土密实、强度高、耐久性好；

（5）成本适中，掺量小，便于推广应用。

随着混凝土向高强、高性能方向发展，对外加剂特别是减水剂提出了更高的要求。传统的萘系、三聚氰胺以及木质素磺酸盐类减水剂对新拌混凝土具有较好的工作性，但坍落度经时变化大，而且这类减水剂在生产过程中会对环境造成污染，不利于可持续发展。而以聚羧酸盐类为主要成分的低分子量梳形接枝聚合物高性能减水剂具有：①掺量低，减水率高，分散性好；②收缩率低，坍落度保持能力强；③分子结构上自由度大；④在合成中不使用强刺激性物质甲醛和强腐蚀性的浓硫酸，对环境不造成任何污染等优点，故而被广泛用于高性能混凝土的配制。

国内外大量的工程实践证明，推广应用聚羧酸系高性能减水剂是混凝土质量向高性能化方向发展的必然要求。

1.1　高性能混凝土减水剂的结构特征与分类

高性能减水剂是具有高效减水、适当引气并能减少和防止坍落度经时损失的外加剂，是制备高流动性混凝土，泵送混凝土，高强、高性能混凝土以及高密实性混凝土的必要组成材料。其主要成分为聚合物电解质类。根据高性能减水剂主要成分的化学结构特征，可将高性能减水剂做以下分类。

（1）单环芳烃型　主要指聚合物憎水主链由苯基和亚甲基交替连接而成。而在主链的单环上可接有—SO_3H（磺酸基）、—OH（羟基）、—NH_2（氨基）和—COOH（羧基）等亲水性的官能团，或烷基、烷氧基等取代基，或有可能使主链上接有聚氧乙烯基等长链基团使该类型减水剂具有像聚羧酸系一样的梳形结构。

具有这种结构特征的典型代表是氨基磺酸盐系高效减水剂，其结构式可表示如下：

R=H, CH_2OH, $CH_2NHC_6H_4SO_3M$, $CH_2C_6H_4OH$
M=烷基聚醚(甲基聚醚)

它是在20世纪80年代末，由日本首先研究开发的一种非引气型水溶性树脂，减水率可高达30%，90～120min基本上无坍落度损失，但是产品稳定性差，掺量过大时易泌水。

（2）多环芳烃型　其结构特点是憎水性的主链为亚甲基连接的双环（萘系减水剂）或多环（蒽系减水剂）的芳烃。亲水性的官能团则是在芳环上的—SO_3H。具有这种结构特征的典型代表是β-萘磺酸甲醛缩合物即萘系减水剂，其结构式见右（蒽系减水剂与萘系减水剂的结构类似，只需将双环变成三环）：

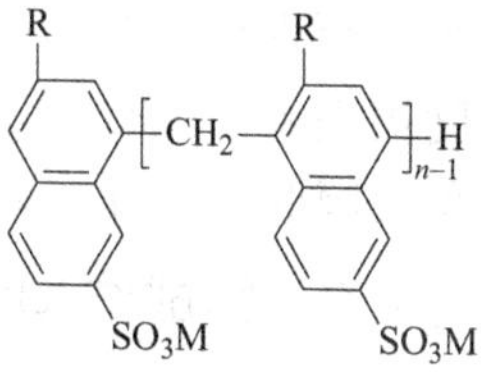

R=H, CH_3　M=Na^+, K^+, NH_4^+

该类型的减水剂减水率较高（最大可达25%以上），基本上不影响混凝土的凝结时间，引气量低（<2%），但坍落度损失快。

（3）杂环型　其结构特点是憎水性主链为亚甲基连接的含N或含O的六元或五元杂环，亲水性官能团则是连在杂环上的带—SO_3H等官能团的取代支链。具有这种结构特征的典型代表是三聚氰胺系减水剂，其结构式表示如下：

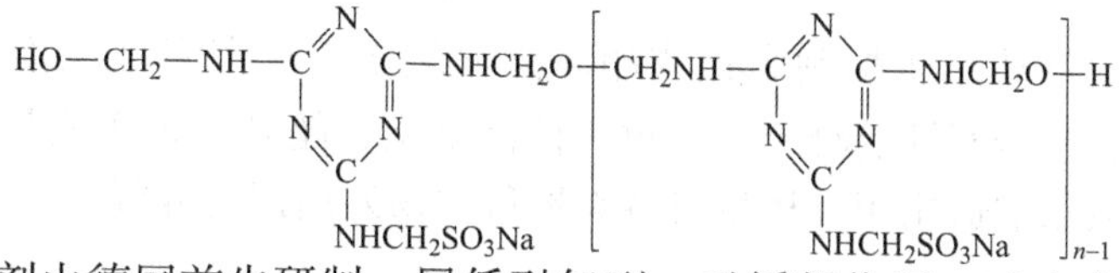

此种减水剂由德国首先研制，属低引气型，无缓凝作用，减水率和萘系基本相当，坍落度损失较快。

（4）脂肪族型　其结构特点是：憎水性的主链为脂肪族的烃类，而亲水性的官能团则是侧链上所连的—SO_3H、—COOH、—OH或聚氧乙烯基（EO）长侧链等。具有这种结构特征的典型代表是聚羧酸系减水剂，其结构式（具体结构特点和所选聚合单体的种类有关）表示如下：

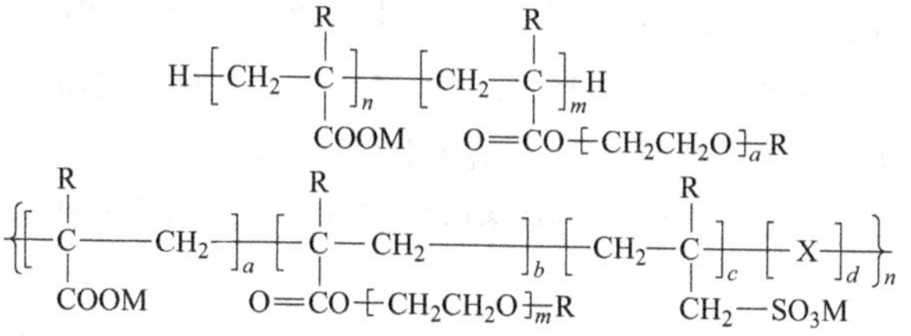

R=H, CH_3　M=Na^+, K^+, NH_4^+　*a*, *b*, *c*, *d*, *m*, *n*为整数

聚羧酸系减水剂减水率高达30%以上，保坍性能好，引气与缓凝适中，是最具市场潜力的高性能减水剂。

（5）其他　典型代表是改性木质素磺酸盐类，其结构特点复杂，憎水性的主链可以包含芳烃、脂肪烃和脂环烃等，亲水性官能团的种类和分布也比较复杂，具有一定的引气性。

1.2 高性能混凝土减水剂的特点

1.2.1 性能特点

高性能减水剂掺量低、减水率高。一般掺量为胶凝材料的0.15%~0.25%，减水率至少在 20%~30%以上；混凝土拌合物的流动性好，坍落度损失小。2h 内坍落度损失率为 10%至基本无损失，其工作性可保持 6~8h，很少存在泌水、分层等现象，因此，预拌混凝土有优良的工作性。硬化混凝土密实、强度高、耐久性好。

1.2.2　组成结构特点

高性能减水剂的组成结构组分可分为 3 种类型，即：减水组分或分散性保持成分的单一组分体系；减水组分+分散性保持成分的两成分复合体系；有一定分散保持性的减水成分+分散性保持成分的两成分复合体系。前一类是指氨基磺酸盐聚合物（AS）以及聚羧酸类接枝共聚物这两种单一组分的合成反应产物。后两类是指萘磺酸盐甲醛缩合物或三聚氰胺甲醛缩合物与缓凝剂和其他外加剂组分的复合产品。

1.3　高性能混凝土减水剂的适用范围

高性能减水剂适用于配制高强或超高强混凝土、自密实（或称免振捣）混凝土、清水混凝土、密实性混凝土、高耐久性混凝土、超高程泵送或超长距离泵送混凝土。高性能减水剂适用于大掺量或特大掺量矿物外加剂的混凝土。

1.4　高性能混凝土减水剂的技术性能及主要品种

1.4.1　高性能混凝土减水剂的主要性能

（1）凝结时间　掺高性能减水剂的混凝土初凝及终凝时间均较普通混凝土长，掺量越多，初凝时间延迟也越长。

（2）坍落度及坍落度经时变化　掺高性能减水剂混凝土的特点是水灰比即使很低，也能得到流动化大坍落度的混凝土，而且坍落度的经时损失很小。国产高性能减水剂（液剂）掺量在水泥干质量的 1.7%~2.5%，混凝土水胶比在 0.30 左右，坍落度通常可达到 19~23cm，60min 时坍落度损失为 0~1.5cm（由于水泥品种不同或质量波动，坍落度损失有所不同）。坍落度的流动值初始能达到 46~55cm，60min 时也只损失 5~10cm。

（3）强度增长　不同品种的高性能减水剂，在配制超高强混凝土时，尽管试验条件相同，所达到的强度等级也相差较大。所以配制高性能混凝土时应注意选择使用，特别要注意其缓凝性和引气性。

总之，水胶比在 0.30 左右的混凝土 28d 强度可达到 90MPa；水胶比为 0.25 的可达到 100MPa 左右；水胶比在 0.22 左右时可达 110MPa 以上。但后两种水胶比下，当要求混凝土强度高于 100MPa 时仍掺有硅粉掺合料。当 28d 强度达到上述指标时，长龄期混凝土强度仍然增长，无论是否掺入硅粉，90d 强度一般均可发展到 100MPa。

（4）耐久性　与一般高效减水剂的规律类似，高性能减水剂的加入量越高，混凝土的干缩也越大，但收缩率较一般高效减水剂小；抗冻融性能随高性能减水剂的掺量增大而有所提高，是因为外加剂掺量增大后水胶比可降低。

1.4.2 高性能混凝土减水剂的技术性能要求

高性能混凝土减水剂的技术性能要求见表1-1。

表1-1 高性能混凝土减水剂的技术性能要求

<table>
<tr><td rowspan="2" colspan="2">项目</td><td colspan="2">高效减水剂 GB
8076—2008(中国)</td><td colspan="2">高性能 AE 减水剂
JIS6204(日本工业)</td><td rowspan="2">高强混凝土用
高性能 AE 减水剂
(住宅公团,日本)</td><td rowspan="2">超高强混凝土
高性能 AE 减水剂
(建设省,日本)</td></tr>
<tr><td>标准</td><td>缓凝</td><td>标准</td><td>缓凝</td></tr>
<tr><td colspan="2">减水率/%</td><td>≥14</td><td>≥14</td><td>>18</td><td>>18</td><td>—</td><td>—</td></tr>
<tr><td colspan="2">泌水率比/%</td><td>≤90</td><td>≤100</td><td><60</td><td><70</td><td><50</td><td>—</td></tr>
<tr><td rowspan="2">凝结
时间
差/min</td><td>初凝</td><td rowspan="2">−90~120</td><td>>+90</td><td>−30~+120</td><td>+90~+240</td><td>0~+180</td><td>300~720</td></tr>
<tr><td>终凝</td><td>—</td><td>−30~+120</td><td><240</td><td>−30~+150</td><td>900 以内</td></tr>
<tr><td rowspan="3">抗压
强度
比/%</td><td>3d</td><td>≥130</td><td></td><td>>135</td><td>>135</td><td>>140</td><td>>100</td></tr>
<tr><td>7d</td><td>≥125</td><td>≥125</td><td>>125</td><td>>125</td><td>>130</td><td>>100</td></tr>
<tr><td>28d</td><td>≥120</td><td>≥120</td><td>>115</td><td>>115</td><td>>120</td><td>>100</td></tr>
<tr><td colspan="2">收缩率比/%</td><td>≤135</td><td>≤135</td><td><110</td><td><110</td><td><110</td><td><110</td></tr>
<tr><td colspan="2">相对耐久性/%</td><td>—</td><td>—</td><td>>80</td><td>>80</td><td>>80</td><td>>85</td></tr>
<tr><td rowspan="2">60min
后性能
变化</td><td>坍落
度损
失/mm</td><td>—</td><td>—</td><td><60</td><td><60</td><td><50</td><td><50</td></tr>
<tr><td>含气
量变
化/%</td><td>—</td><td>—</td><td><±1.5</td><td><±1.5</td><td><±1.5</td><td><±1.5</td></tr>
<tr><td colspan="2">Cl⁻含量</td><td colspan="2">应说明对钢筋有无锈蚀危害</td><td colspan="4">①<0.02;②<0.2;③<0.6</td></tr>
<tr><td colspan="2">含碱量
/(kg/m³)</td><td colspan="2">北京地方标准<1.0</td><td colspan="4"><0.30</td></tr>
<tr><td rowspan="7">试
验
条
件</td><td>水泥品种</td><td colspan="2">基准水泥</td><td colspan="2">3种普通水泥混合</td><td>基准水泥</td><td>3种普通水泥混合</td></tr>
<tr><td>水泥量/kg</td><td colspan="2">卵石:310±5
碎石:330±5</td><td colspan="2">坍落度 80:300
坍落度 180:320</td><td>450</td><td>—</td></tr>
<tr><td>粗骨料
细骨料</td><td colspan="2">最大粒径 20mm
中砂</td><td colspan="2">最大粒径 20mm,碎砂</td><td>石砂</td><td>砂</td></tr>
<tr><td>单位水量
/(kg/m³)</td><td colspan="2">达(80±10)mm
坍落度所需水量</td><td colspan="2">达上述坍落度所需
水量</td><td>掺 AE 剂坍落度达
(180±10)mm 时水量为
基准混凝土;上述−15%
水量为试验混凝土</td><td>基准混凝土(205±10)
mm;受检混凝土 165mm</td></tr>
<tr><td>砂率/%</td><td colspan="2">36~40</td><td colspan="2">基准混凝土 40~50;
受检混凝土±1</td><td>40~50</td><td>—</td></tr>
<tr><td>含气量/%</td><td colspan="2"></td><td colspan="2">基准混凝土<2;受检
混凝土:基准+(3±
0.5)</td><td>4±0.5</td><td>3.5±1.0</td></tr>
</table>

注:"凝结时间差"中的"−"表示提前,"+"表示延缓。

1.4.3　高性能混凝土减水剂的主要品种

1.4.3.1　单一组分高性能减水剂

高性能混凝土所要求的外加剂必须具备：

① 减水剂对水泥颗粒的分散性要好，对混凝土的减水率要高，至少在20%以上；

② 混凝土坍落度和扩展度的经时变化都应当小；

③ 含碱量低、不含氯离子、能显著改善混凝土的耐久性；

④ 有一定的引气性，但混凝土的含气量不超过4%；

⑤ 成本适中，掺量小，便于推广应用。

高性能减水剂中能同时满足前述5项要求的品种主要是第二代和第三代的高效减水剂，如氨基苯磺酸盐减水剂、酮基减水剂、聚羧酸盐减水剂和兼有磺酸基和羧酸基的接枝共聚物减水剂等。

1.4.3.2　复配型多组分高性能减水剂

传统的萘磺酸钠甲醛缩合物和蜜胺树脂甲醛缩合物单独使用均无法达到高性能减水剂所要求的指标，必须与其他种类外加剂进行复配。在混凝土有特定要求的情况下，上述单一组分高性能减水剂也需要复配某些种类的外加剂。高性能减水剂常由以下几种外加剂组分复配而成。

(1) 高效减水剂　不同种类的高效减水剂在水泥浆体内的固-液界面上吸附形态不同，从而使减水率及坍落度经时损失有很大的差别。萘系及三聚氰胺系是棒状结构，呈刚性垂直链或横卧链吸附状态，与水泥粒子的吸附形式单一。Zeta电位随时间增加而降低很快，表现为坍落度损失大，必须与控制坍落度损失的外加剂进行复配才能构成高性能减水剂。

为了充分利用高效减水剂自身突出的某一性能和克服单一应用时存在的某些性能不足，而将两种或两种以上的高效减水剂（或普通减水剂）按一定的比例复合在一起，弥补组分自身某些性能不足，同时又使其中的某一性能由于协同作用而产生叠加效应，这样一类复合型的高效减水剂即是高性能复合高效减水剂。

目前，由高效减水剂复合配制的高性能高效减水剂的复合类型和方式主要有：①聚羧酸盐与改性木质素的复合；②萘磺酸甲醛缩合物与木钙的复合；③三聚氰胺甲醛缩合物与木钙的复合；④氨基磺酸系高效减水剂与萘系减水剂的复合；⑤含羧基、羟基、磺酸基接枝共聚物的新型保坍剂与β-萘磺酸钠甲醛缩合物高效减水剂（FDN）的复合（0.2%保坍剂与0.6%FDN）；⑥在分子结构中引入羧基磺酸基的聚羧酸高效减水保坍剂JM-200分别与FDN、高磺化三聚氰胺高效减水剂（MS）复合（JM-200，0.25%+FDN，0.75%；JM-200，0.20%+MS，0.6%）；⑦由萘系高效减水剂与氨基磺酸系高效减水剂组成的AS减水剂；⑧用马来酸酐、苯乙烯、丙烯酸羟基酯共聚得到SMAH，然后再与萘系减水剂配制成PSL低坍落损失缓凝高效减水剂；⑨以马来酸酐为主，适量的甲基丙烯酸、烯基磺酸盐共聚合反应得到的多元共聚物与萘系高效减水剂的复合等。以上产品成果的名称、组成和按主导官能团分类、结构特点及理论复合式见表1-2。

表1-2　高性能复合高效减水剂分类与理论复合式

序号	项目名称	复合物组成	复合组分主导官能团	复合组分非主导官能团	复合组分所属系列	理论复合式
1	聚羧酸盐与改性木质素的复合物	聚羧酸盐, 木质素	$COOH/SO_3H$	O/OH	羧酸/磺酸	$\Sigma(COOH+HOSO_3H)$
2	萘磺酸甲醛缩合物与木钙等	萘磺酸甲醛缩合物, 木钙等	SO_3H/SO_3H	O/OH	磺酸/磺酸	$\Sigma(SO_3H+HOSO_3H)$
3	三聚氰胺甲醛缩合物与木钙等	三聚氰胺甲醛缩合物, 木钙等	SO_3H/SO_3H	NH, OH, N/OH	磺酸/磺酸	$\Sigma(NH,OH,NSO_3H+HOSO_3H)$
4	氨基磺酸系高效减水剂	芳香族氨基磺酸, 萘系	SO_3H/SO_3H	NH_2, OH/O	磺酸/磺酸	$\Sigma(NH_2,HOSO_3H+SO_3H)$
5	新型高效保坍剂	含羧酸、羟基、磺酸基的接枝共聚物, FDN	"SO_3H-COOH"/SO_3H	OH/O	"磺酸-羧酸"/磺酸	$\Sigma(0.2\%OH"SO_3HCOOH"+0.6\%SO_3H)$
6	聚羧酸高效减水保坍剂	羟基羧烯烃、磺酸基烯烃共聚物, FDN, MS	"SO_3H-COOH"/SO_3H "SO_3H-COOH"/SO_3H	O/O O/NH, OH, N	"磺酸-羧酸"/磺酸 "磺酸-羧酸"/磺酸	$\Sigma(0.25\%"SO_3H$COOH"+0.75\%SO_3H)$ $\Sigma(0.2\%"SO_3H$COOH"+0.6\%NH, OH, NSO_3H)$
7	高性能 AS 减水剂	萘磺酸甲醛缩合物, 氨基磺酸系	SO_3H/SO_3H	O/NH_2, OH	磺酸/磺酸	$\Sigma(SO_3H+NH_2,HOSO_3H)$
8	PSL 低坍落度损失缓凝剂	酸酐-苯乙烯-羟基酯-丙烯酸共聚系	$COOH/SO_3H$	OH/O	羧酸/磺酸	$\Sigma(14\sim16HOCOOH+82\sim84SO_3H)$
9	聚羧酸盐多元共聚物高效减水剂	酸酐-丙烯酸烯基磺酸盐共聚物, 萘磺酸甲醛缩合物	"SO_3H-COOH"/SO_3H	O/O	"磺酸-羧酸"/磺酸	$\Sigma("SO_3H$COOH"+SO_3H)$

萘磺酸盐甲醛缩合物掺量为水泥干质量的 0.35%~1.5%；

密胺磺酸基掺量（液体）为水泥干质量的 1.5%~3.0%；

氨基磺酸基掺量（液体）为水泥干质量的 1.4%~2.0%；

聚羧酸基掺量为水泥干质量的 0.15%~0.35%；

木质素磺酸盐掺量为水泥干质量的 0.10%~0.35%。

混凝土强度越高，使用不同的高效减水剂对最终强度的影响就越大。因此配制不同要求的高性能混凝土，要选择合适的高性能减水剂（见表 1-3）。选择高性能混凝土外加剂，应根据工程具体情况，选择一种或多种混凝土外加剂复合使用。外加剂使用前应进行试验，特别要注意外加剂对水泥的适应性，几种外加剂复合使用时的相容性。

表 1-3　高性能混凝土用有机外加剂及其发挥性能的机理

要求性能	发挥要求性能的机理	发挥要求性能的组成及构造的主要因素	适宜物质
1. 在低水灰比下提高流动性（提高减水率）	增加粒子表面的电位	能形成横卧吸附层，在骨架上具有多元环，辅加亲水基密度高的链状高分子	NS,MS
		以疏齿环及尾部伸入水中的形式吸附，具有均衡疏水基和亲水基的直链状高分子	AS
	降低拌合水的表面张力	分子链环有旋转的自由度，由于亲水基和疏水基的取向易于吸附在液体界面的链状高分子	低分子量 NS
2. 流动性的经时变化小	控制间隙质水化生成的硫铝酸钙水化物及其形态	分子中的—OH 及—COOH 数量少，且它们是易于与 Ca^{2+} 形成络合物的高分子	NS,MS
	陆续供给能有效分散水泥粒子的外加剂分子（徐放）	形成间隙物和厚的稳定吸附层的高分子	
		具有因钠离子而开口（酯结合）的高分子	PC 交联聚合物
3. 少缓凝或不缓凝	确保 C—S—H 的生成速度和生成量	分子中的—OH 和—COOH 数量少，且是易于与 Ca^{2+} 形成络合物的高分子	NS,MS
4. 材料分离少	增大混凝土的塑性黏度	非离子型水溶性高分子	MC,PAA,G
5. 引气性小	增大拌合水的表面张力，减小混凝土的塑性黏度	与 1 的相反	NS,MS,PC
试验条件	砂率/%	36~40	基准混凝土 40~50；受检混凝土±1	3.5±1.0 —
	含气量/%		基准混凝土<2；受检混凝土：基准+(3±0.5)	4±0.5 3.5±1.0

注：NS—水玻璃早强速凝剂；MS—高磺化三聚氰胺复合高效减水剂；AS—萘系与氨基磺酸系复合高效减水剂；MC—混凝土复合早强剂；PAA—聚丙烯酸与带有酰胺基的胺类化合物复合聚羧酸系高性能减水剂；G—混凝土加气剂。

（2）缓凝剂 在复合型高性能减水剂中使用缓凝剂可延长凝结时间，控制混凝土硬化速度、防止大面积混凝土出现裂缝、减少坍落度经时损失。高性能混凝土中常用的缓凝剂有含各类羟基、羧基的物质，如酒石酸、柠檬酸、葡萄糖酸、水杨酸及其盐类；糖蜜及其改性物、多元醇、木质素；硼酸和磷酸及其盐。

（3）引气剂 引气剂是表面活性剂。在高性能混凝土中使用一定量的引气剂，混凝土中会形成一些细小的球形封闭气孔，可进一步提高混凝土的流动性，改善和易性，减少拌合物的离析和泌水，改善混凝土的耐久性（抗渗性、抗冻融性）。常用的引气剂主要有松香皂类、松香热聚物、烷基苯磺酸盐、脂肪酸盐等阴离子表面活性剂及皂角苷类、聚乙二醇型非离子表面活性剂。常用掺量为水泥干质量的0.005%~0.015%。为保持气泡的稳定性可添加微量稳泡剂，如月桂酰二乙醇胺。

（4）膨胀剂 在高性能混凝土中掺入适量膨胀剂，可在约束条件下因膨胀而产生一定的自应力，以补偿水泥的干缩和由于低水胶比造成的"自生收缩"避免裂缝发生，保证高性能混凝土的设计目标——高耐久性，并在限制条件下增长强度。常用的膨胀剂主要有硫铝酸盐系膨胀剂（如 UEA、UEA-H、CEA、AEA）和石灰系膨胀剂，因其掺量较大、含碱量多，不能配制活性骨料的高性能混凝土。

（5）增稠剂 增稠剂或称稳定剂，能显著增大水溶液的黏度，从而能用来解决高流动度、高扩展度的新拌混凝土的变形能力和抗离析性的矛盾。掺增稠剂的水泥浆由于自由水约束没有挤出来，使水泥粒子间隙被保持住，粒子间摩擦阻力小，拌合物易于变形。而增稠剂的存在又使在一定范围内随正应力增加的抗剪力不变，因而提高了抗离析性。但是掺过量的增稠剂却限制了水泥浆的变形性能，也就是物料太黏了，反而使总抗剪力提高，不利于物料的变形和流动。

纤维素类的增稠剂在水中溶解时，其长链上的羟基和醚键上的氧原子与水分子缔合成氢键，导致水失去流动性，游离水不再"自由"，致使溶液变稠。丙烯类的增稠剂在水中溶解时，其阴离子型高分子在碱性的水泥浆中离解成多电荷大分子量的阴离子，同性电荷强烈相斥，使线团状大分子变成曲线状，增大了溶液黏度。常用的纤维素类增稠剂有羟基丙酰甲基纤维素、羧甲基羧乙基纤维素、水溶性聚乙烯醇等，掺量为水泥干质量的0.001%~0.05%。

丙烯类增稠剂如聚丙烯酰胺、聚丙烯酸钠、丙烯基磺酸钠等，掺量为胶凝材料用量的0.001%~0.1%。

（6）消泡剂 高性能混凝土常常使用聚羧酸系减水剂，而这类减水剂具有引气性能，因此常伴随消泡剂以调节和控制所需的含气量。常用的消泡剂为有机硅化合物、高碳醇、磷酸三丁酯等。

1.5 高性能混凝土减水剂对水泥及混合材的适应性

高性能混凝土减水剂对水泥及混合材的适应性是指减水剂掺入后对水泥及混合材新拌混凝土和硬化后混凝土施工和易性的影响，通常用混凝土拌合后的坍落度损失来表示。高性能混凝土减水剂对水泥及混合材的适应性一般要高于普通及高效减水剂对水泥及混合材的适应性。

（1）聚羧酸类减水剂　聚羧酸类减水剂对水泥的适应性较好。这是因为聚羧酸类减水剂是通过接枝共聚形成的。聚羧酸类减水剂在生产过程中可根据需要将一些基团接枝到其主体结构上。多数聚羧酸类减水剂掺入混凝土后，能使混凝土的坍落度在2h内基本无损失，甚至还略有增大。也有的聚羧酸类减水剂对水泥适应性不好，特别是掺入混凝土后导致混凝土泌水离析增大，施工性能下降。聚羧酸类减水剂一般没有缓凝作用，在施工中可掺入适当的缓凝剂。缓凝剂与聚羧酸类减水剂的配伍性，同样会影响到水泥混凝土的新拌性能。

普通引气剂与聚羧酸类减水剂适应性较差，有时也会出现混凝土泌水离析加重。聚羧酸类减水剂有时对某些水泥的掺量范围较窄，稍超一点就可出现严重的泌水离析现象。如混凝土试配时出现严重的黏底板现象。泵送时，与管道内壁摩擦阻力增大，易产生堵泵现象。聚羧酸类减水剂有时对某种水泥适应性差，对混凝土的需水量特别敏感。举例说明，C30 混凝土，105kg/m³ 用水量时，混凝土坍落度仅有5cm，增大 5kg/m³ 用水量至 110kg/m³ 时，混凝土坍落度超过了 21cm，甚至出现了严重的泌水离析。

聚羧酸类减水剂不是缩聚型的外加剂。接枝共聚的工艺不同、接入的基团不同、接枝效果不同，均会对水泥混凝土产生不同的影响。JM-PCA 聚羧酸类减水剂具有较强的减缩能力，可有些羧酸类减水剂不仅不能减少收缩，反而增大了混凝土收缩。

（2）氨基磺酸盐类外加剂　多数氨基磺酸盐类外加剂的保坍能力很强，有些生产企业或施工企业还常用氨基磺酸盐类外加剂与萘系减水剂复合使用，以改善掺萘系减水剂混凝土的施工和易性，减小混凝土坍落度损失，以保证泵送混凝土具有良好的施工性能。多数氨基磺酸盐类外加剂对水泥及混合材的适应性较好。

（3）改性萘系减水剂　改性萘系减水剂，由于复合了部分反应性高分子材料，大大改善了外加剂对水泥及混合材的适应性。反应性高分子材料的最大优点在于，几乎不受温度变化的影响，能够保证混凝土在 1.5~2h 内坍落度损失控制在 10% 以内。值得注意的是，反应性高分子材料的掺量必须控制在一定范围内，用量太大会导致混凝土含气量增大、强度下降。反应性高分子材料是一种缓凝剂，掺量太大会使混凝土长时间不凝固。

（4）水泥　水泥的产物组成中，硫铝酸（C_3A）和铁铝酸四钙（C_4AF）吸附外加剂量最大，因此 C_3A 和 C_4AF 含量高的水泥，需要的外加剂量相对较多。低碳水泥与高性能混凝土减水剂的配伍性较差，使用时，应尽可能选择多种减水剂复合。

水泥磨细时选择的调凝剂不同，对外加剂掺入后的混凝土流动性影响也较大。无水石膏（硬石膏）溶解速度低，难以控制 C_3A 的水化速度，掺入减水剂后，有时会使混凝土短时间内失去流动性。半水石膏溶解速度快，容易引起水泥假凝，也会使混凝土流动性变差。采用化学石膏作调凝剂的水泥也容易出现异常。

1.6 高性能减水剂对泌水量的影响

高性能减水剂具有一定的引气性，是比高效减水剂具更高减水率、更好坍落度保持性能和较小干燥收缩的外加剂。高性能减水剂可以通过不同的方式减少泌水量。例如，高性能减水剂在保证水泥基材料工作性的前提下能够减少用水量，当拌合用水量减少 20%~30% 时，泌水率将显著降低。使用高性能减水剂可以提高新拌混凝土坍落度，能有效减少新拌混凝土的泌水，避免离析，提高了混凝土的密实性。而且，高性能减水剂对水泥具有较好的分散作用，能够将水泥颗粒充分分散到水中，阻止较大水泥颗粒的沉降，从而降低泌水。实际上，高性能减水剂被吸附在水泥颗粒表面，使水泥颗粒相互排斥，减小有效颗粒粒径。固体颗粒越细，沉降越慢，因而表面泌水也随之减少。

除了高性能减水剂之外，其他外加剂如引气剂、促凝剂、黏度调节剂以及能在水泥浆中起泡的混凝土泡沫剂都能够减少泌水量。引气剂为液体产品，能够降低固-液-气相界面张力，使混凝土中产生细小均匀分布且硬化仍能保留的微气泡，改善混凝土拌合物的和易性，提高混凝土的抗冻性、抗渗性以及抗侵蚀性，延长了混凝土的使用寿命，增加了混凝土的耐久性。混凝土拌合物中引入无数微细的气泡后，流动性和可泵性提高，保水性改善，泌水率显著降低。一般地，混凝土的含气量增加 1%，可提高混凝土坍落度 10mm。由于所带的静电荷极性不同，这些微小气泡会吸附在水泥颗粒表面，吸附着气泡的水泥颗粒的平均密度 (d) 将减小，因而沉降速度也将降低。引气剂的最大特点是在提高混凝土含气量的同时，不降低混凝土后期强度；在普遍改善混凝土物理力学性能的基础上，提高了混凝土的抗冻融、抗渗等耐久性。具有缓凝作用的引气减水剂还能有效地控制混凝土的坍落度损失。

有些金属粉末，如铝粉能够与水泥水化产物氢氧化钙发生反应，生成氢气 (H_2)，形成气泡：

$$2Al+3Ca(OH)_2+6H_2O \Longrightarrow 3H_2\uparrow +Ca_3(Al_2O_3)\cdot 6H_2O$$

氢气泡在某些方面与引气剂的作用相当，但它们的作用机理却截然不同。

混凝土在掺入引气剂或引气减水剂后，使得混凝土的用水量和泌水沉降收缩减少，体系中的大毛细孔减少，从而减少了水分及其他介质迁移的通道。与此同时，微小气泡的引入占据了混凝土中的自由空间，减小了体系中孔隙网络的连通性，最终使得混凝土的抗渗性得到改善，引气剂的掺入可使混凝土的抗渗性提高 50% 以上。

促凝剂能够缩短混凝土凝结时间，它能使混凝土在很短时间内凝结、硬化。因而水泥固体颗粒沉降时间也将缩短，表面泌水更少。相反地，缓凝剂显然会增大泌水量，因为它延长了水上升至新拌水泥浆表面的时间，使新拌混凝土在较长时间内保持塑性，有利于混凝土浇筑成型和提高施工质量，抑制水化放热速度、减慢放热速率、降低水泥初期水化热，从而防止了早期温度裂缝的出现。在流化混凝土中，缓凝剂与超塑化剂复合使用可用来克服高效减水剂的坍落度损失, 保证商品混凝土的施工质量。

增稠剂或黏度调节剂 (纤维素甲醚和淀粉醚、高聚物聚丙烯酰胺等) 用于提高拌合水的黏度, 因而, 能够减小固体颗粒的沉降速度, 减少泌水量。

1.7 高性能混凝土如何选择减水剂

高性能混凝土减水剂尽管具有优异的性能, 但也有一些缺陷。在减水剂品种选择上应根据工程的实际情况, 以满足工程要求为前提, 选择合适品种的减水剂。

① 配制高强混凝土, 宜选择减水率大的聚羧酸类混凝土减水剂。

② 配制泵送混凝土, 如只考虑控制混凝土的坍落度损失和可泵性好, 可选择氨基磺酸类混凝土减水剂。聚羧酸类减水剂及改性萘系减水剂也适用于泵送混凝土的配制。

③ 配制大体积混凝土, 宜选用具有减缩性能和优化水泥水化热放热曲线能力的聚羧酸类减水剂、改性萘系减水剂。

④ 配制高耐久性混凝土, 宜选用具有减缩能力的聚羧酸类减水剂和引气剂复合。如施工性能满足要求, 也可选择改性萘系减水剂和引气剂复合。

⑤ 配制减缩性能要求很高的混凝土, 可选择减缩剂与具有减缩能力的聚羧酸类减水剂或改性萘系减水剂复合。

⑥ 配制清水混凝土, 宜选用聚羧酸类减水剂。

高性能混凝土减水剂使用时, 使用单位可根据工程具体情况, 选择一种或多种混凝土减水剂复合使用。减水剂使用前应进行认真的试验, 特别要注意减水剂对水泥的适应性、几种减水剂复合使用时的相容性。

1.8 高性能混凝土减水剂的应用技术要点

(1) 水泥品种的影响 水泥品种不同, 高性能减水剂用量也不相同。普通水泥比矿渣水泥可以减少外加剂用量, 掺量相同时, 普通水泥的混凝土用水量就低于矿渣水泥。

(2) 骨料的影响 当减水剂掺量相同时, 骨料越细, 减水率就越低, 坍落度也越小, 必须增大掺量或调整混凝土配合比。细砂较河砂 (中、粗砂) 要多用 $1 \sim 2$ 倍的减水剂或是减水剂不变而加大用水量 $15 \sim 20 kg/m^3$。

(3) 配合比对掺量的影响 用于一般强度混凝土时由于水泥用量较小, 增加减水剂掺量, 减水效果明显。高强混凝土由于水泥用量大, 减水剂掺量低会无法保持坍落度, 因而经时损失大、混凝土和易性差。为保证混凝土良好的和易性, 水泥用量不得少于 $290 kg/m^3$。

(4) 混凝土入模温度的影响 要根据混凝土入模时可能处于哪个温度范围来确定是使用标准型高性能减水剂还是缓凝型的。温度偏低时易于产生缓凝现象, 应综合考虑掺合料种类、数量、配合比条件而确定掺量。成型温度高时，例如夏季环境，坍落度经时变化大，甚至会发生速凝，因此使用缓凝型或适当加大掺量有利于混凝土成型质量。

（5）搅拌时间及投料顺序的影响 高性能减水剂的减水效率能否充分发挥，坍落度保持率、引气性（含气量）保持是否合适，与混凝土搅拌时的投料顺序、外加剂添加方法及时间、混凝土搅拌时间长短和一次投料量均有关。搅拌时间除受搅拌机型制约之外，还必须注意延续时间过长会使坍落度损失加快、含气量损失，而搅拌时间短易使混凝土产生离析。一般来说，高强混凝土中细粉料含量比普通强度混凝土大而搅拌时间应适当延长。减水剂不宜直接投入干料中，最好是在水加入后或加水过程中添加。

（6）对泌水量的影响 高性能减水剂品种不同则泌水量也不同，高性能减水剂的减水率高，混凝土用水量低因而泌水量少。当然，增加细骨料和掺合料细粉也是减小泌水量的有效方法。

（7）对凝结时间的影响 高性能减水剂使混凝土凝结时间略有延长，且掺量增加，缓凝时间也稍有延长，其影响甚于引气减水剂和高效减水剂。因此要按产品使用说明书的要求使用。

（8）不同外加剂混用的影响 未经相应试验，高性能减水剂一般不能随意与其他品种减水剂混合使用。随意混用易使减水剂溶液产生沉淀，或使混凝土产生急凝。

第2章

聚羧酸系高性能减水剂

2.1 聚羧酸系高性能减水剂的定义及类型

聚羧酸系高性能减水剂又称聚羧酸系超塑化剂。聚羧酸系高性能减水剂是伴随着高性能混凝土的发展和应用而出现的，国外 20 世纪 90 年代由日本率先开发研制，它是具有比萘系更高的减水率、更好的坍落度保持性能，并具有一定的引气性和较小的混凝土收缩的一类新型高性能混凝土减水剂。根据 JG/T223—2017 标准，聚羧酸盐高性能减水剂主要指具有良好减水、保坍及增强效果的聚羧酸系减水剂，有非缓凝型和缓凝型两种类型。聚羧酸盐高性能减水剂是一类分子结构为含羧基接枝共聚物的表面活性剂，分子结构呈梳形，主要通过接枝聚合反应和共聚反应，利用侧链提供大的空间位阻效应来提高对水泥的分散性能。它具有高减水率，并可使混凝土拌合物具有良好流动性保持效果。

聚羧酸系高性能减水剂可细分为六大类，具体结构见表 2-1。其中Ⅰ类主要含有 PEO 接枝侧链和羧酸基团；Ⅱ类主链上除了含有羧酸基团外，还有磺酸基团；Ⅲ类被称为聚醚类超塑化剂，其支链很长；Ⅳ类是交联共聚物，具有优异的坍落度保持能力；Ⅴ类主要是马来酸酐和烯丙醇醚的接枝共聚物；Ⅵ类为苯乙烯和马来酸酐共聚物与单甲基聚醚的接枝物。

聚羧酸系高性能减水剂适用于配制高强或超高强混凝土，自密实（或称免振捣）混凝土，密实性耐久性优良的混凝土，超高程泵送或超长距离泵送混凝土。

表 2-1 聚羧酸系高性能减水剂主要种类

类别	分 子 结 构
Ⅰ	$R_1=H$ 或 CH_3; $R_2=H$ 或 CH_3

续表

类别	分 子 结 构
Ⅱ	$*{-}[CH_2{-}CR_1(COOM)]_x{-}[CH_2{-}CR_1(CH_2SO_3Na)]_y{-}[CH_2{-}CR_1(COO{-}(CH_2CH_2O)_n{-}R_2)]_z{-}*$ $*{-}[CH_2{-}CR_1(COOM)]_x{-}[CH_2{-}CR_1(COOR_1)]_y{-}[CR_1{-}Y({-}O(CH_2CH_2O)_n R_2))]_z{-}[CR_1{-}X(SO_3Na)]_u{-}*$ X=CH₂,CH₂—Ph; Y=CH₂,C=O
Ⅲ	$*{-}[A(COOM)]_x{-}[B({-}O(CH_2CH_2O)_n R_2)]_y{-}[C]_z{-}*$
Ⅳ	含交联点 (D) 的结构，AO: 环氧烷烃 $*{-}[CH_2{-}CR_1((AO)_n R_2\ (C=O))]_x{-}[CH_2{-}CR_1(C=O{-}O{-}(D){-}O{-}C=O)]_y{-}H$ $*{-}[CH_2{-}CR_1(C=O{-}O{-}(AO)_n R_2)]_x{-}[CH_2{-}CR_1]_y{-}H$ (D) → 交联点
Ⅴ	$*{-}[CH{-}CH(O=C{-}MO)(C=O{-}OM)]_x{-}[CH_2{-}CH(Z{-}O(CH_2CH_2O)_n R_2)]_y{-}*$ Z=H或CH₂

续表

类　别	分　子　结　构
Ⅵ	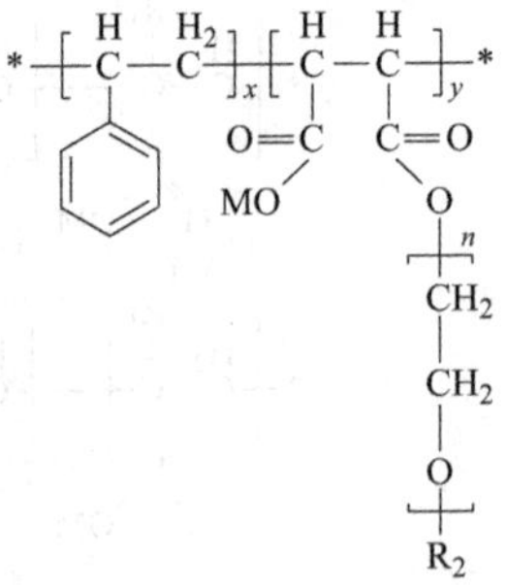

注：M 为甲基聚醚；∗ 为氨基磺酸基团；R_1、R_2 为氢或甲基。

2.2　聚羧酸系高性能减水剂的结构特性

聚羧酸系高性能减水剂是一种性能独特、无污染的新型高效减水剂，是配制高性能混凝土的理想外加剂。

与其他高效减水剂相比，聚羧酸系减水剂的分子结构主要有以下几个突出的特点：

（1）分子结构呈梳形，主链上带有较多的活性基团，并且极性较强，这些基团有磺酸基（—SO_3H）、羧酸基（—COOH）、羟基（—OH）和聚氧烷丙烯基团 $[\text{—}CH_2CH_2O\text{—}]_mR$ 等。各基团对水泥浆体的作用是不同的，如磺酸基的分散性好；羧酸基除有较好的分散性外，还有缓凝效果；羟基不仅具有缓凝作用，还能起到浸透润湿的作用；聚氧烷基类基团具有保持流动性的作用。

（2）侧链带有亲水性的活性基团，并且链较长，其吸附形态主要为梳形柔性吸附，可形成网状结构，具有较高的立体位阻效应，再加上羧基产生的静电排斥作用，可表现出较大的立体位阻效应。

（3）分子结构自由度相当大，外加剂合成时可控制的参数多、高性能化的潜力大。通过控制主链的聚合度、侧链（长度、类型）、官能团（种类、数量及位置）、分子量大小及分布等参数可对其进行分子结构的设计，研制生产出能更好地解决混凝土减水增强、引气、缓凝、保水等问题的外加剂产品。

2.3　聚羧酸系高性能减水剂的性能特点

与掺萘系第二代高效减水剂的混凝土性能相比，掺聚羧酸系高性能外加剂的混凝土具有以下显著的性能特点。

① 掺量低、减水率高。一般掺量为胶凝材料的 0.15%～0.25%，减水率一般在 25%～30%，在近极限掺量 0.25% 时，减水率一般可以达到 40% 以上。与萘系相比，减水率大幅提高，掺量大幅度降低，减水率这一基本性能的优势十分明显。并且带

入混凝土中的有害成分大幅度减少，单方混凝土成本可与萘系高效减水剂相当。

② 混凝土拌合物的流动性好，坍落度损失小。2h 坍落度基本不损失，其高工作性可保持 6~8h，很少存在泌水、分层等现象。

③ 与水泥、掺合料及其他外加剂的相容性好。

④ 可提高用以替代波特兰水泥的粉煤灰、磨细矿渣等掺合料的掺量，从而降低混凝土的成本。

⑤ 对混凝土增强效果潜力大。早期抗压强度比提高更为显著。以 3d、7d 抗压强度为例，萘系高效减水剂的 3d、7d 抗压强度比一般在 130% 左右，而聚羧酸系高性能减水剂的同龄期抗压强度比一般在 180% 以上。

⑥ 制备过程中不使用甲醛，因此不会对环境造成污染。

⑦ 混凝土收缩低。基本克服了第二代减水剂增大混凝土收缩的特点。

⑧ 总碱含量极低。其带入混凝土中的总的碱含量仅为数十克，降低了发生碱-骨料反应的可能性，提高混凝土的耐久性。

⑨ 环境友好。聚羧酸盐系高性能减水剂合成生产过程中不使用甲醛和其他任何有害的原材料，在生产和使用过程中对人体健康无危害。

⑩ 有一定的引气量。与第二代（高效）减水剂相比，其引气量有较大提高，平均在 3%~4%，可有效提高混凝土的耐久性。

2.4　聚羧酸系高性能减水剂的作用机理

聚羧酸系高性能减水剂优异的减水功能是由其分子结构所决定的。聚羧酸系高性能减水剂分子的主链吸附在水泥颗粒表面，通过静电斥力作用提高水泥-水体系的分散性；分子的侧链对水泥-水体系进行空间阻隔，达到极高的减水率，并增加混凝土的黏聚性，改善混凝土的匀质性。此外，由于主链并未将水泥颗粒表面完全覆盖，因此水泥颗粒表面未被覆盖的部分可进行水化；随着水化进程的加深，水泥-水体系的碱度增加，水泥颗粒间的电层排斥和空间阻隔被破坏，水化过程得以持续进行，从而使得掺减水剂水泥净浆或混凝土可在长时间内保持良好工作性，同时不影响正常凝结。聚羧酸系高性能减水剂的减水分散、保坍作用机理主要有以下三个方面。

（1）静电斥力理论　在水化初期，水泥矿物 C_3A、C_4AF 的水化使水泥颗粒表面带正电荷，对聚羧酸系高性能减水剂分子解离形成的—SO_3H、—$COOH$ 等的吸附作用较强，此时反离子对在水泥颗粒表面的吸附占主导地位，从而使水泥颗粒因静电斥力作用而分散，水泥-水体系处于稳定的分散状态，宏观表现为掺减水剂水泥净浆和混凝土具有较高的初始流动性。随着水化程度的加深，水泥矿物 C_3S、C_2S 的水化使水泥颗粒表面带负电荷，对减水剂分子的吸附作用较弱，水泥颗粒间的静电斥力作用减弱，此时水泥-水体系的有效分散将不再依赖于静电斥力作用。

（2）Macker 空间位阻效应理论　聚羧酸系高效减水剂分子呈梳形、多支链立体结构，主链带多个极性较强的活性基团，侧链带有亲水性的活性基团，且侧链较长、数量多，所以该类减水剂在水泥颗粒表面呈齿状吸附，易在水泥颗粒表面形成较厚的立体吸附层，在水泥颗粒间形成庞大的立体障碍，从而有效阻滞水泥颗粒的直接碰撞与物理凝聚，阻滞、延缓水泥的水化进程，提高水泥-水体系的分散性和分散保持性，宏观表现为水泥净浆流动度和混凝土坍落度经时损失小。

（3）反应性高分子释放理论　聚羧酸系高性能减水剂的分子结构中有内酯、酸酐、酰胺等反应性基团，在某种程度上具有反应性高分子的特性，可在混凝土碱性环境中发生水解反应，不断补充由于水泥颗粒水化、吸附造成的减水剂浓度下降；另一方面，减水剂分子结构中的含聚氧乙烯基链节的长侧链在碱性水溶液环境中容易断裂，生成更低分子量的产物，但不改变分子结构，从而有利于提高减水剂的分散保持性，也有利于控制水泥净浆流动度和混凝土坍落度的损失。

聚羧酸系高性能减水剂对水泥凝聚体的分散作用如图 2-1 所示。

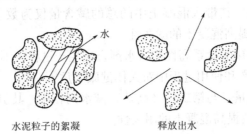

水泥粒子的絮凝　　　　释放出水

图 2-1　聚羧酸系高性能减水剂对水泥凝聚体的分散作用

2.5　聚羧酸系高性能减水剂的合成方法

聚羧酸系高性能减水剂的合成方法主要有大分子单体直接共聚法、聚合后功能法、原位聚合与接枝法等。

（1）主要原料

合成聚羧酸系高性能减水剂所选用的主要原料有：

① 烷基聚醚（甲基聚醚）　目前国内生产厂家大多采用先酯化后共聚的工艺路线，因此不同分子量的烷基聚醚是生产聚羧酸系高效减水剂最主要的原材料。一般每生产 1t 20% 浓度的聚羧酸外加剂需要消耗甲基聚醚 0.12~0.18t，所采用聚乙二醇单甲醚（MPEG）的主要分子量规格有 M-350、M-500、M-600、M-750、M-1000、M-1200、M-2000、M-5000。甲基聚醚质量的好坏直接关系到所合成的产品的最终减水和保坍性能。

② 大分子单体　大分子单体是具有一定聚合度的低聚物，它的一端具有可聚合的双键，分子量一般不小于 5000，通常采用（甲基）丙烯酸单体与烷基聚醚直接进行酯化反应或采用（甲基）丙烯酸酯与烷基聚醚发生酯交换反应制备而成，也可以采用马来酸酐直接与烷基聚醚发生反应制得大分子单体。

国内一些技术实力雄厚的企业大多先采用酯化或酯交换等方法合成具有聚合活

性的大分子单体，然后采用自由基聚合工艺将其与其他共聚单体共聚制得聚羧酸减水剂，但工艺路线长、生产比较复杂、产品质量难以控制，因此部分厂家采用向化工企业直接购买大分子单体后共聚的技术路线，工艺操作简单，产品性能较稳定。这类大分子单体主要有（甲基）丙烯酸聚乙二醇聚醚、烯丙醇聚氧乙烯醚等。

③ 不饱和酸　包括马来酸酐、马来酸、丙烯酸、甲基丙烯酸或这些不饱和酸的盐或酯，此外可采用丙烯酸胺、丙烯磺酸钠或甲基丙烯酸钠等不饱和单体。

聚羧酸系高性能减水剂主要原材料、控制指标及检测方法见表 2-2。

表 2-2　聚羧酸系高性能减水剂主要原材料、控制指标及检测方法

品名	控制指标	检测方法	贮存注意事项
烷基聚醚	羟值/(mgKOH/g)		贮存时远离火种、防止阳光曝晒。遇明火或高热可引起燃烧，避免接触水分
	过氧值/(mg/kg)		
	pH 值(25℃)		
	水含量(质量分数)/%		
烯丙醇聚氧乙烯醚	羟值/(mgKOH/g)		贮存时远离火种，遇明火或高热可引起燃烧
	不饱和度/(mmol/g)		
(甲基)丙烯酸聚乙二醇酯	含量/%		贮存时远离火种，遇明火或高热可引起燃烧，遇高温容易自聚，贮存在 30℃ 以下阴凉、通风的库房内
	不饱和度/(mmol/g)		
丙烯酸	含量/%	GB/T 17530.1—1998 工业丙烯酸纯度测定气相色谱法	本品具有较强的腐蚀性和毒性，对皮肤有刺激性。贮存在 30℃ 以下阴凉通风的库房内，远离火种、热源，防止阳光曝晒。遇明火或高热可引起燃烧爆炸，遇高温容易自聚
	阻聚剂/×10⁻⁶	GB/T 17530.5—1998 工业丙烯酸及酯中阻聚剂的测定	
	水分/%	GB/T 6283—2008 化工产品中水分含量的测定，卡尔·费休法	
甲基丙烯酸	含量/%		
	阻聚剂/×10⁻⁶		
	水分/%	GB/T 6283—2008 化工产品中水分含量的测定，卡尔·费休法	
顺丁烯二酸酐	含量/%	GB 3676—2008 滴定分析	贮存于干燥通风的库房内，防火、防潮、防雨淋、防日晒

（2）生产工艺

聚羧酸系高性能减水剂生产工艺分为酯化、共聚合、中和三步反应，其生产工艺流程如图 2-2 所示。

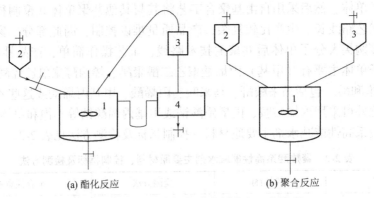

　　　　(a) 酯化反应　　　　　　　　　　　　(b) 聚合反应

图 2-2　聚羧酸系高性能减水剂生产工艺流程
1—反应釜；2—高位槽；3—冷凝器；4—油水分离器

① 配制方法

a. 用水反复冲洗装有温度计、搅拌装置、滴定装置和油水分离器的反应釜，并烘干。

b. 依次将烷基聚醚、丙烯酸单体、阻聚剂、催化剂、携水剂加入到反应釜中，升温到 40~150℃ 回流状态进行酯化反应制备大分子单体，反应时间 2~6h。

c. 酯化反应至终点时，从油水分离器底部的出口接收反应生成的水分，然后蒸馏回收溶剂。将酯化混合料加水降温，并加入其他共聚单体，配制成单体混合溶液，在一定的时间内往聚合釜中滴加单体混合液，同时分开滴加引发剂溶液（有时还需加入链转移剂），滴加完毕后，保温反应 4~6h，自然冷却到 40℃ 以下加碱溶液中和，调节 pH=6~9，得到聚羧酸系高性能减水剂溶液。

② 操作要领　聚羧酸系高性能减水剂生产中最重要的是酯化和聚合工艺。酯化反应是一个化学平衡过程。即羧酸与聚醚的酯化反应速率与酯的水解速率相等。此时反应物与生成物的浓度都不再发生变化。根据平衡原理，增加反应物的浓度、减少生成物的浓度有利于酯化产品的生成，在实际生产中可以通过增加羧酸的浓度并及时移走反应生成的水分来促进酯的生成。因此操作人员必须严格控制搅拌速度、反应温度，尽可能提高回流速度，以回流管中不冲料为宜。操作人员从反应釜温度计上读出各段温度，做好记录。

　　共聚工艺中，操作人员应严格控制初始反应温度、物料滴加速度，初始反应温度过高或滴加太快，有发生爆聚的危险。操作人员应记录好各反应段温度和物料滴加时间。

　　中和工艺中，操作人员要控制好加碱前温度，最好控制在 40℃ 以下加碱溶液中和，碱液缓慢滴加为宜。pH 值一般控制在 6~9。

③ 主要设备　聚羧酸高性能减水剂的生产设备主要是酯化设备（见图 2-2），酯化设备中最关键的是搅拌桨叶片形式和油水分离器的分离效果。聚合反应釜中最关

键的是搅拌桨的搅拌效率，共聚反应必须充分搅拌，有利于单体混合均匀、共聚物分子量分布均匀、散热等。

2.6 聚羧酸系高性能减水剂的应用前景

进入 21 世纪，混凝土技术要求越来越高，必将促使混凝土外加剂有新的更大的发展。

接枝共聚型的聚羧酸类外加剂，其优异的性能已逐渐被人们所认识。目前这类新型的高性能混凝土外加剂主要应用在我国一些大型桥梁工程、水利工程、隧道地铁工程，而产量大的工业与民用建筑混凝土应用聚羧酸类外加剂所占比例还很小。

聚羧酸类外加剂，国外已有第四代产品。由于起点不同，加之一项新技术出来，应用技术的研究需要一段时间，接枝型共聚物与传统的缩聚型外加剂不同，接枝的质量高低对其性能影响很大。接枝共聚物促使水泥合理的水化热分布，混凝土低绝热温升、低收缩、高耐久性。混凝土减水率大是使用接枝型共聚物减水剂的一大特点，但产品性能差异很大，有的产品混凝土减水率可以高达 35% 以上，有的产品混凝土减水率仅有 25% 左右。清洁化生产，无三废排放，也是聚羧酸系减水剂的一大特点，符合正在实施的绿色、环保、节能的可持续发展国策。根据测试结果表明：如果按折固含量计算，各种聚羧酸系高性能减水剂中的甲醛含量极微少，最多不到 0.006%，而萘系高效减水剂的甲醛含量一般在 0.3% 以上。

用于高性能混凝土的聚羧酸系高性能减水剂与其他高效减水剂的技术要求在性能方面主要有以下几点差异：

① 掺量低、减水率高。按固体掺量计，聚羧酸系高性能减水剂的一般正常掺量（以固含量计算）为胶凝材料重量的 0.2% 左右。目前国内外的产品按照国家标准《混凝土外加剂》GB 8076—2008 测定减水率，一般在 25%~30% 之间；在接近极限掺量 0.5%（以固含量计算）左右时，其减水率可达 45% 以上；

② 增强效果好。与掺萘系减水剂的混凝土相比，掺聚羧酸外加剂的混凝土各龄期的抗压强度比均有大幅度提高。以 28d 抗压强度比为例，掺萘系减水剂的混凝土 28d 抗压强度比约在 130% 左右，而掺聚羧酸外加剂的混凝土抗压强度比约在 150% 左右。

③ 收缩率低。掺聚羧酸减水剂的混凝土体积稳定性与掺萘系减水剂相比有较大的提高。对国内外 11 个聚羧酸减水剂产品的 28d 收缩率比检测结果表明，掺聚羧酸减水剂的混凝土收缩率比的平均值为 102%，最低收缩率仅为 91%。

江苏苏博特新材料股份有限公司研制的聚羧酸系高性能减水剂成功应用于南京九华山隧道工程混凝土。应用结果表明：采用聚羧酸系外加剂优化的混凝土，施工性能良好，目前混凝土主体结构未发生危险性开裂和渗水现象。九华山隧道已于 2005 年 10 月 1 日正式通车，并荣获国家"鲁班奖"。

我国目前真正进行接枝共聚型外加剂生产的厂家不多，多数厂家都是用进口的接枝共聚物处理后进入市场销售的。因此，技术含量不高，加之母体本身性能也不是十分优异，所以进入市场的产品竞争力不强。随着混凝土技术的进步，如今高性能混凝土外加剂已成为混凝土材料配制不可缺少的重要组分。高性能混凝土外加剂的发展，也为高强混凝土、自流平自密实混凝土、高流态混凝土、碾压混凝土、纤维增强混凝土、高耐久性混凝土的推广应用提供了保证。

　　混凝土已成为当今不可缺少的建筑材料。如何改善混凝土的性能，以满足土木工程建设的需要，是混凝土外加剂技术长期追求的目标。混凝土外加剂的出现为配制高流动性、高体积稳定性、高耐久性的混凝土起到了重要的作用，推动了混凝土技术的发展，促使高性能混凝土作为新型高效建筑材料而被大量采用。随着科学技术的发展，新一代的高性能混凝土外加剂将应运而生。不言而喻，从混凝土外加剂研究的角度分析，大力开发以聚羧酸系高性能减水剂为主导产品，走接枝共聚之路，是混凝土材料实现高性能化和高功能化的最重要技术途径。

2.7　聚羧酸系高性能减水剂配方精选

配方1　PAA聚羧酸系高性能减水剂

（1）产品特点与用途

　　本品用聚丙烯酸（PAA）代替带有酰胺基的胺类化合物（PN-220）形成侧链，产生物理的空间阻碍作用可防止水泥颗粒凝聚，保持分散性；长侧链的聚羧酸系减水剂具有较好的初始流动度，PAA可与PN-220发生聚合反应。PN-220具有增强减水、改善坍落度经时损失作用，引入聚乙二醇（PEG）具有减缩功能，用对甲苯磺酸做催化剂，聚合反应时间短、工艺简单。反应产物性能稳定，适用于水泥混凝土及砂浆、墙体材料制品、厂房、道路、桥梁、隧道、机场、大坝等重点工程作混凝土减缩增强剂。

（2）配方

① 配合比　见表2-3。

表2-3　PAA聚羧酸系高性能减水剂配合比

原料名称	质量份	原料名称	质量份
聚丙烯酸(PAA)	100	对甲苯磺酸	8
带有酰胺基的胺类化合物(PN-220)	60	氢氧化钠	4
聚乙二醇(PEG)	80	水	1000

② 配制方法

a. 按质量份计量称取PAA、PN-220，依次加入反应釜内，混合搅拌均匀。

b. 共聚反应：向反应釜内通入保护气体氮气，插上油水分离器及冷凝管，升温100~240℃，保温反应0.5~5h。

c. 酯化反应：在 b 步骤制得的聚合物中，边搅拌边加入质量份计量称取的 PEG 和对甲苯磺酸，在 50~120℃温度下，进行酯化反应 2~8h。

d. 在 c 步骤制得的酯化产物中，加入水配制成浓度为 20%~70% 溶液，再加入氢氧化钠调节反应产物 pH 值至 6.8~7.2，混合搅拌均匀即得到合成产物淡黄色透明液体 PAA 聚羧酸系高性能减水剂。

③ 质量份配比范围　本品各组分质量份配比范围为：聚丙烯酸 100，带有酰胺基的胺类化合物 30~180，聚乙二醇 20~200，对甲苯磺酸 2~10，氢氧化钠 2~10，水 200~1700。

所述聚丙烯酸的分子量为 1000~5000。

所述带有酰胺基的胺类化合物采用 PN-220。

所述聚乙二醇的分子量为 400~2000。

（3）产品技术性能

① 外观　淡黄色透明液体（浓度 20%~70%）。

② pH 值　6.8~7.2。

③ 溶解性　易溶于水。

④ 无毒，不燃。系非氯盐类外加剂，对钢筋无锈蚀作用。

⑤ 当用 30% 浓度的本品掺量为水泥质量的 0.4% 时，混凝土拌合物坍落度可达 19cm，减水率可达 25%~30%，混凝土 3d 抗压强度提高 70%~120%，28d 抗压强度提高 50%~80%，90d 抗压强度提高 30%~40%，能使混凝土具有高减水率和良好的减缩功能以及较好的坍落度保持性能。

⑥ PAA 减水剂对水泥适应性好，能用于各种硅酸盐水泥。

（4）施工及使用方法

① 本品掺量范围混凝土中为水泥质量的 0.40%~2.0%，砂浆为水泥质量的 0.30%~1.00%，可根据与水泥的适应性、气温的变化和混凝土坍落度等要求，在推荐范围内调整确定最佳掺量。

② 按计量，直接掺入混凝土搅拌机中使用。

配方2　丙烯酸酯接枝共聚物聚羧酸盐高性能减水剂

（1）产品特点与用途

本品采用水相合成工艺，将 1mol 分子量为 2000 的甲氧基聚乙二醇单体与 8mol 丙烯酸的酯化物及共聚单体亚甲基丁二酸酐、甲基丙烯磺酸钠合成聚羧酸盐高性能减水剂。产物掺量低、减水率高、分散保持性能好。在掺量 0.20%~0.25%、水灰比 0.29 时制得的水泥拌合物净浆流动度 1h 内无损失，2h 内损失很小。本品在混凝土强度和坍落度基本相同时，可节约水泥用量 10%~20%。聚合反应中以水为溶剂，反应过程无需用氮气保护，安全清洁，对环境无污染；制造成本比传统聚羧酸减水剂降低 10%~20%。

丙烯酸酯接枝共聚物聚羧酸盐高性能减水剂适用于各类泵送混凝土，大体积混凝土，高架、高速铁路、地铁、桥梁、水工混凝土等。

（2）配方

① 配合比　见表2-4。

表2-4　丙烯酸酯接枝共聚物聚羧酸盐高性能减水剂配合比

原 料 名 称	质 量 份
1mol 分子量为 2000 的甲氧基聚乙二醇与 8mol 丙烯酸的酯化物及剩余丙烯酸的混合物	100
水	390.93
亚甲基丁二酸酐	43.23
甲基丙烯磺酸钠	36.59
过硫酸铵水溶液 水	95.5 66.85
KOH 溶液（32%）	调节 pH 值为 7

② 配制方法　在带有搅拌器、温度计、滴液漏斗、冷凝管的搪瓷反应釜中先加入水，搅拌加热升温80℃，同时滴加1mol 相对分子质量为2000的甲氧基聚乙二醇、8mol 丙烯酸的酯化物及剩余丙烯酸的混合物，亚甲基丁二酸酐，共聚单体甲基丙烯磺酸钠，过硫酸铵水溶液。滴加时间为2h，滴加温度为70~80℃，滴加完后继续保温3h，进行聚合反应，降温至30~55℃用32% KOH 溶液将反应物 pH 值调至7，出料即可制得浅棕褐色液体丙烯酸酯聚合物高性能减水剂。

③ 质量份配比范围　本品各组分质量份配比范围为：1mol 分子量为2000的甲氧基聚乙二醇与8mol 丙烯酸的酯化物及剩余丙烯酸的混合物100、亚甲基丁二酸酐43~44、甲基丙烯磺酸钠36~37、过硫酸铵水溶液20.87~180.25、水66~67。

（3）产品技术性能

丙烯酸酯接枝共聚物聚羧酸盐高性能减水剂质量指标见表2-5。

表2-5　丙烯酸酯接枝共聚物聚羧酸盐高性能减水剂质量指标

水泥种类	折固掺量/%	减水剂样品	净浆初始流动度及其保留值/mm				
			0min	30min	60min	90min	120min
LLH 水泥	0.20	1 号	145	205	226	220	217
	0.20	2 号	150	213	232	226	220
	0.20	3 号	157	221	258	250	246
	0.20	4 号	152	217	244	232	224
	0.20	5 号	168	238	270	263	257

续表

水泥种类	折固掺量/%	减水剂样品	净浆初始流动度及其保留值/mm				
			0min	30min	60min	90min	120min
基准水泥	0.23	1 号	176	190	211	202	200
	0.23	2 号	184	197	220	214	206
	0.23	3 号	210	221	242	235	228
	0.23	4 号	193	210	223	217	213
	0.23	5 号	218	231	250	243	236
JF 水泥	0.25	1 号	246	248	250	246	229
	0.25	2 号	250	254	256	250	242
	0.25	3 号	260	263	267	262	256
	0.25	4 号	253	258	262	256	248
	0.25	5 号	267	270	276	268	260

（4）施工及使用方法

① 本品掺量范围为水泥质量的 0.20%～0.25%，可根据与水泥的适应性、气温的变化和混凝土坍落度等要求，在推荐范围内调整确定最佳掺量。

② 搅拌运输车运送的商品混凝土可采用减水剂后掺法。搅拌过程中，减水剂略滞后于拌合水 1～2min 加入。

配方3 单糖接枝改性聚羧酸高效减水剂

（1）产品特点与用途

本品引入天然可降解单糖原料，部分取代石油化工原料，提供了一种新的聚羧酸高效减水剂原料来源，其原料来源广泛，可以降低生产成本，并具有一定的绿色环保功能。用单糖接枝配制的聚羧酸高效减水剂，产品性能优异，掺量小，当用本品掺量为水泥质量的 1.5% 时配制的混凝土其含气量一般在 4%～7%，减水率可达 30%，坍落度损失小，2～3h 内坍落度基本无损失，28d 抗压强度为 110%～120%。用于混凝土可使净浆具有流动性良好、节约水泥用量和对环境无污染等特点。本品适用于配制各类泵送混凝土、大体积混凝土、高架、高速公路、桥梁、水工混凝土，特别适用于配制有特殊要求的高性能混凝土。

（2）配方

① 配合比　见表 2-6。

表 2-6　单糖接枝改性聚羧酸高效减水剂

原料名称	质量份	原料名称	质量份
聚乙二醇（分子量 800）	80	葡萄糖	19.8

续表

原料名称	质量份	原料名称	质量份
对甲苯磺酸(催化剂)	1.8	丙烯酸②	65.2
对苯二酚(阻聚剂)	0.13	过硫酸铵	7.73
丙烯酸①	21.6	水②	20
甲基丙烯磺酸钠	71.38	NaOH 溶液(40%)	调节 pH=7.5
异丙醇(链转移剂)	9	水③	稀释至 20%
水①	237.98		

② 配制方法

a. 功能性侧链接枝：将分子量为 800 的聚乙二醇以及葡萄糖、催化剂对甲苯磺酸、阻聚剂对苯二酚加入带有搅拌器、滴液装置的搪瓷反应釜中，搅拌加热升温至 90~100℃时，将丙烯酸①由滴液漏斗加入反应釜中，保温反应 (9±0.5)h 后取样测酯化率，达到 40%~90% 后，停止反应得到酯化产物。

b. 自由基共聚：在反应釜中加入甲基丙烯磺酸钠和链转移剂异丙醇以及蒸馏水①加热升温至 60~90℃，分别滴加由 (a) 步骤制得的酯化产物、丙烯酸②、过硫酸铵溶于水② 得到的引发剂水溶液，在 60~120min 滴加完毕，保温反应(5±0.5)h 后，冷却至 40~50℃，用 40%的 NaOH 溶液调 pH 值至 7.5，加水③稀释至混合物质量分数为 20%，即制得单糖接枝改性聚羧酸高效减水剂。

③ 质量份配比范围　本品各组分质量份配比范围为：聚乙二醇（分子量 800）0~80，葡萄糖 4.98~19.8，对甲苯磺酸 1.8~2.9，对苯二酚 0.13~0.15，丙烯酸①13.53~21.6，甲基丙烯磺酸钠 50.81~71.38，异丙醇 6~10，水①204.14~262.41，丙烯酸②40.20~65.2，过硫酸铵 6.31~8.47，水②0~20。

（3）产品技术性能

单糖接枝改性聚羧酸高效减水剂匀质性指标见表 2-7。

表 2-7　单糖接枝改性聚羧酸高效减水剂匀质性指标

试验项目	指标	试验项目	指标
外观	浅棕褐色液体	水泥净浆流动度/mm	≥100
固含量/%	20.0±1.0	pH 值	7.5±1.0
密度/(g/cm³)	1.0980	总碱量	≤2.0
氯离子含量	≤0.05	硫酸钠含量/%	≤0.5

（4）施工及使用方法

① 本品掺量为水泥质量的 0.5%~1.2%，按计量直接掺入混凝土搅拌机中使用。

② 在使用本产品时，应按混凝土配合比事先检验与水泥的适应性。

配方 4　控制坍落度损失型高性能混凝土泵送剂

（1）产品特点与用途

萘磺酸甲醛缩合物是一种阴离子型表面活性剂，它是主要的塑化减水组分，加入水泥浆体后，能吸附在水泥颗粒表面，形成憎水基向内、亲水基向外的一层吸附层。由于亲水基带负电荷，同性电荷相互排斥，使絮凝状浆体结构解体，释放出絮凝结构包裹的自由水，从而大幅度增加水泥浆体的流动性。聚乙烯醇是一种高分子物质，加入水泥浆体中，可以通过桥连作用对水泥颗粒和骨料产生连接增稠作用，避免混凝土产生不均匀沉降和泌水现象；十二烷基硫酸钠系引气减水组分有助于提高混凝土的流动性和降低混凝土坍落度损失；柠檬酸系水泥缓凝剂，葡萄糖酸钠的作用为混凝土坍落度损失的抑制剂，使混凝土坍落度在 2~4h 内基本不损失。掺入本品可有效改善混凝土流动性和施工性，大幅度降低混凝土流动性损失，减水率达到 20% 以上，坍落度增加值为 12cm。所配制的混凝土的坍落度在 2~4h 内基本不损失，混凝土强度和耐久性有较大幅度增加，可用来配制 C20~C100 的各种强度等级混凝土。

本品主要应用于商品预拌混凝土、大体积混凝土、钢筋混凝土、轻骨料混凝土和桥梁、建筑、水工、路面等混凝土结构物。

（2）配方

① 配合比　见表 2-8。

表 2-8　控制坍落度损失型高性能混凝土泵送剂配合比

原料名称	质量份	原料名称	质量份
萘磺酸甲醛缩合物减水剂	18	柠檬酸	4.5
聚乙烯醇	0.09	葡萄糖酸钠	4.5
十二烷基硫酸钠	1.02	水	71.89

② 配制方法　先将水加入反应釜中，再将萘磺酸甲醛缩合物减水剂、聚乙烯醇、十二烷基硫酸钠、柠檬酸和葡萄糖酸钠依次加入反应釜中，升温至 50~60℃ 搅拌、溶解均匀，保温反应 2~6h 即制得浓度为 40%、密度为 1.28g/m³ 的棕褐色液体高性能混凝土泵送剂。

③ 质量份配比范围　本品各组分质量份配比范围为：萘磺酸甲醛缩合物减水剂 18~34，聚乙烯醇 0.09~0.1，十二烷基硫酸钠 0.6~1.02，柠檬酸 3~6，葡萄糖酸钠 1~4.5，水 60~72。

（3）产品技术性能

控制坍落度损失型高性能混凝土泵送剂质量指标见表 2-9。

表 2-9　控制坍落度损失型高性能混凝土泵送剂质量指标

检验项目	技术指标	检验项目	技术指标
掺入量	4.5%	2h后坍落度	没有损失
坍落度	从10cm增加到23cm	4h后坍落度	20cm以上
减水率	5%	坍落度损失率	小于15%
泌水率	0	28d抗压强度	提高10%
含气量	1.8%	抗冻融循环性	提高2倍

（4）施工及使用方法

本品掺量范围为水泥（包括矿物掺合料）质量的1%~5%，具体掺量应根据混凝土流动性的增加值和混凝土坍落度的保持性效果，通过试验确定最佳掺量。

配方5　钢管混凝土缓凝高效减水保塑剂

（1）产品特点与用途

本品的特点是引气量低、减水率高、保塑性能好，能够有效提高新拌钢管混凝土的流动性和工作性，显著改善钢管混凝土泵送施工性能，降低混凝土含气量，改善钢管壁与混凝土的脱黏现象，提高钢管混凝土强度和耐久性，增加钢管混凝土结构的承载力。本品用于钢管混凝土的缓凝高效减水保塑剂，掺量为水泥质量的1%~1.8%。

（2）配方

① 配合比　见表2-10。

表2-10　钢管混凝土缓凝高效减水保塑剂配合比

原料名称	质量份	原料名称	质量份
聚羧酸减水剂（分子量为11400）	87	硫酸锌	3
葡萄糖酸钠	10	水	适量

② 配制方法

a. 聚羧酸减水剂的选择：采用分子结构中作为侧链的聚氧乙烯基（即EO，加成数为68），分子中羧酸基与酯基的摩尔比为2∶1的聚羧酸减水剂，其分子量为11400。

b. 按质量份配合比称取聚羧酸减水剂、葡萄糖酸钠、硫酸锌，将葡萄糖酸钠、硫酸锌依次加入已称量好的聚羧酸减水剂中搅拌均匀，使之充分溶解，然后加水调整溶液固含量达到33%并混合均匀，即得产品。

③ 质量份配比范围　本品各组分质量份配比范围为：聚羧酸减水剂87~94.3，葡萄糖酸钠5~10，硫酸锌0.5~3，水适量。

（3）产品技术性能　见（1）产品特点与用途。

（4）施工及使用方法

① 本品掺量范围为水泥质量的 1%~1.8%，可根据与水泥的适应性、气温的变化和混凝土坍落度等要求，在推荐范围内调整确定最佳掺量。

② 按计量直接掺入混凝土搅拌机中使用。

③ 在使用本产品时，应按混凝土配合比事先检验与水泥的适应性。

配方 6　聚羧酸系高性能减水剂（1）

（1）产品特点与用途

本品在不添加消泡剂和减缩剂的条件下，通过优化聚羧酸系减水剂的分子结构组合来控制其引气性能、抗干缩性能和降黏性能，所合成的聚羧酸系高性能减水剂具有引气性低、抗干缩能力强、分散性好、保坍能力强、降黏性能好、对混凝土增强效果明显等特点。

本配方制备的聚羧酸系高性能减水剂适用于多种规格、型号的水泥，尤其适用与优质粉煤灰、矿渣等活性掺合料相配伍，制备高强、高耐久性、自密实的高性能混凝土、超高强混凝土等。

（2）配方

① 配合比　见表 2-11。

表 2-11　聚羧酸系高性能减水剂（1）配合比

原料名称	质量份	原料名称	质量份
聚乙二醇单甲醚甲基丙烯酸酯	40	去离子水	适量
甲基丙烯酸	8.394	过硫酸铵	1.083
甲基丙烯酸甲酯	0.751	氢氧化钠水溶液（30%）	适量

② 配制方法

a. 按质量比将聚乙二醇单甲醚甲基丙烯酸酯、甲基丙烯酸、甲基丙烯酸甲酯混合水溶液和引发剂过硫酸铵水溶液分别连续滴加入反应釜中进行聚合反应，在 2~6h 内滴完，继续保温反应 1~4h；

b. 聚合反应结束，冷却至 20℃用氢氧化钠水溶液调节反应溶液 pH 值为 6.0~8.0，固含量溶液质量浓度控制在 18%~25%。

③ 配比范围　本品各组分质量份配比范围为：聚乙二醇单甲醚甲基丙烯酸酯单体 30~40，甲基丙烯酸 8~10，引发剂过硫酸铵 1~2，30%氢氧化钠适量，水适量。

本品掺量范围为水泥质量的 0.2%~0.25%。

配方 7　聚羧酸系高性能减水剂（2）

（1）产品特点与用途

本品采用水作溶剂，将不同分子量的聚乙二醇单甲醚甲基丙烯酸酯进行复配，使水起到链转移剂的作用，通过控制短链和长链的比例，可改变聚合物梳状结构梳齿的长短，控制共聚体系的总固含量，实现对聚合物相对分子质量的控制；不使用有机溶剂和有异味的巯基乙醇作链转移剂，因而不会造成环境污染及产品异味。本品适用于多种不同牌号的水泥，减水率一致性好，采用本减水剂，混凝土减水率可保证在23%以上。本品适用于配制高性能混凝土。

（2）配方

① 配合比　见表2-12。

表2-12　聚羧酸系高性能减水剂（2）配合比

原料名称	质量份	原料名称	质量份
聚乙二醇单甲醚甲基丙烯酸酯(分子量600)	60	过硫酸钠(5%)	60
聚乙二醇单甲醚甲基丙烯酸酯(分子量3300)	60	氢氧化钠水溶液(30%)	适量调节 pH＝9±0.5
甲基丙烯酸	37	水②	330
水①	120		

② 配制方法　将聚乙二醇单甲醚甲基丙烯酸酯与甲基丙烯酸及水①混合与5%的过硫酸钠溶液同时滴加到95℃的水②中，5h加完，加完后保温反应2h，接着用30%氢氧化钠溶液中和，调节pH值为9±0.5，再加水调节物料固含量为20%，即为聚羧酸系高性能减水剂。

（3）产品技术性能　见（1）产品特点与用途。

（4）施工及使用方法

本品掺量范围为水泥质量的0.5%～1.2%，可根据与水泥的适应性、气温的变化和混凝土坍落度等要求，在推荐范围内调整确定最佳掺量。

配方8　聚羧酸系高性能减水剂（3）

（1）产品特点与用途

本品原料易得，生产成本低，产品性能稳定，生产工艺流程简单，反应条件容易控制，无需氮气保护。采用本品配制的混凝土表面无泌水线、无大气泡、色差小，外观质量好，抗冻融能力和抗碳化能力显著提高，28d收缩率较萘系高效减水剂降低20%以上；高保坍，混凝土2h坍落度基本不损失，且几乎不受温度变化的影响，和易性好，抗泌水、抗离析性能好，混凝土泵送阻力小，便于输送。本品适用于配制高性能混凝土，掺量范围为水泥质量的0.5%～1.2%。

（2）配方

① 配合比　见表2-13。

表 2-13 聚羧酸系高性能减水剂（3）配合比

原料名称	质量份	原料名称	质量份
聚乙二醇单丙烯酸酯	52.7	过硫酸铵溶液(5%)	34.2
甲基丙烯磺酸钠	7.91	巯基乙醇溶液(10%)	9.36
水	128.91	氢氧化钠溶液(30%)	适量调节 pH=6.5±0.5
丙烯酸①	10.8		

上表中，聚乙二醇单丙烯酸酯配合比为：

原料名称	质量份	原料名称	质量份
聚乙二醇	100	甲苯	100
浓硫酸	2.14	丙烯酸②	7.2

② 配制方法

a. 酯化反应：以甲苯作为溶剂，浓硫酸作为催化剂，用分子量1000的聚乙二醇与丙烯酸①在（90±5）℃条件下进行酯化反应，丙烯酸在（100±10）min 内加完。反应时间为（5±0.5）h，反应完成后，以抽真空的方式抽出体系中的水和甲苯，制得聚乙二醇单丙烯酸酯化物。

b. 聚合反应：在步骤（a）制得的聚乙二醇单丙烯酸酯化物中加入甲基丙烯磺酸钠和丙烯酸②，用过硫酸铵作为引发剂，巯基乙醇作为链转移剂，在水溶液中于（85±5）℃进行聚合反应，丙烯酸②、引发剂及链转移剂在（100±10）min 内加完，反应时间（6±0.5）h，反应完成后，用氢氧化钠中和至 pH=6.5±0.5，即得成品。

配方9 聚羧酸系高性能减水剂（4）

（1）产品特点与用途

本品采用自由基聚合方法，以水为溶剂，聚合过程不使用有机溶剂，生产工艺流程简单易控，无工业"三废"排放，真正做到了清洁生产。产品性能优良，具有掺量低、减水率高、坍落度损失少、与水泥适应性好、可提高粉煤灰和矿渣掺量、节约水泥、对环境无污染等优点，主要应用于高强混凝土、自流平混凝土、泵送混凝土、喷射混凝土等对混凝土工作性、强度、耐久性有较高要求的混凝土工程领域。

（2）配方

① 配合比　见表 2-14。

表 2-14 聚羧酸系高性能减水剂（4）配合比

原料名称	质量份	原料名称	质量份
甲基丙烯磺酸钠	15	水①	36
马来酸酐	18	过硫酸钾	4.1
丙烯酸	22	水③	51

原料名称	质量份	原料名称	质量份
聚乙二醇甲基丙烯酸酯	25	氢氧化钠溶液（30%）	调节 pH＝6～9
水②	165	硫醇（链转移剂）	适量
亚硫酸氢钠（引发剂）	1.8		

② 配制方法

a. 在装有温度计、搅拌器、滴液漏斗、回流冷凝管、惰性气体导入管的反应釜中，先用惰性气体置换釜中的空气。

b. 向反应釜内加入甲基丙烯磺酸钠单体和水①作为底料，水浴加热至 55～80℃。

c. 将事先配好的一定浓度的聚氧乙烯不饱和酸酯单体溶液、不饱和酸和（或）衍生物单体溶液、单体混合液、水②和引发剂与水③配制的溶液从不同滴液漏斗同时滴加到反应釜中，在 1～2h 内滴完后，加入少许硫醇，升温至 80～90℃，保温反应 3～6h，反应结束冷却到 20℃用氢氧化钠溶液调节产物 pH 值为 6～9，即为成品。

（3）产品技术性能 见（1）产品特点与用途。

（4）施工及使用方法

本品掺量范围为水泥质量的 0.5%～1.2%，常用掺量为 0.4%～1.0%。

配方 10 复合聚羧酸减水剂

（1）产品特点与用途

由于混凝土成型前需要模板来固定，为了防止混凝土与模板表面相互粘接而影响混凝土的外观，保持混凝土外观完好无损，往往在模板表面涂上一层憎水性的脱模剂。在工程实践中发现，很多项目为了节省资源、减少成本，在施工过程中往往使用废机油或者松香皂类脱模剂涂刷在模板上。当聚羧酸高性能减水剂与这些物质接触后会发生一些化学反应。由于聚羧酸高性能减水剂属于高分子物质，含有一些未反应的活性小分子，而废机油和脱模剂中则含有很多有机物质，这些物质很容易与聚羧酸减水剂里的活性小分子起化学反应而生成新的物质黏结在模板与混凝土之间的表面。掺有聚羧酸高性能减水剂的混凝土硬化拆除模板后，一方面造成混凝土表面有许多密密麻麻的细小气泡，另一方面拆模时由于黏结而使混凝土表面粗糙，严重影响外观，极大地限制了聚羧酸减水剂的推广应用。

复合聚羧酸减水剂由聚羧酸高性能减水剂、缓凝剂、功能助剂、防腐剂和水制备而成。由于国内外应用聚羧酸减水剂的时间不是很长，尤其是在温度较高的季节，混凝土表面的气泡更为明显。将复合聚羧酸减水剂应用于新拌混凝土中，在拆除涂有废机油或松香皂类脱模剂的模板后，硬化后的混凝土表面光滑，气泡明显减少，完全满足施工要求。复合聚羧酸减水剂解决了使用废机油或松香皂类等脱模剂后，混凝土表面气泡较多的难题。

（2）配方

所述的复合聚羧酸减水剂，其特征在于：所述聚羧酸高性能减水剂指通式（1）或通式（2）所示，或者两者的混合（为任意配比）。

其中，R_1 为 CH_3 或 H，R_2 为 H 或 $C_1 \sim C_4$ 的烷基，R_3 为 CH_3，R_4 和 R_5 是氢原子或 $C_1 \sim C_4$ 烷基，X 为 1~3 个碳原子的烷基或者羰基，M 为 H、一价金属离子、二价金属离子、氨基或有机胺基，a、b、c 为共聚物重复单元的链节数，n 为聚氧化乙烯链的平均摩尔数，其值在 9~50。

复合聚羧酸减水剂由聚羧酸高性能减水剂、缓凝剂、功能助剂、防腐剂和水制备而成，各组分所占质量百分数为：聚羧酸高性能减水剂 8%~28.6%、缓凝剂 0.5%~7.36%、功能助剂 0.001%~0.15%、防腐剂 0.01%~0.65%、水为余量，各组分所占质量百分数之和为 100%。

所述聚羧酸高性能减水剂为改性聚醚类聚羧酸减水剂、酯类聚羧酸减水剂、马来酸酐类聚羧酸减水剂中的任意一种或任意两种以上（含两种）的混合，任意两种以上（含两种）混合时为任意配比。

所述缓凝剂为有机类缓凝剂、无机类缓凝剂中的任意一种或两种的混合，两种混合时为任意配比。其中有机类缓凝剂为葡萄糖酸钠、柠檬酸钠、酒石酸钠或白糖等；所述无机类缓凝剂为硼砂、三聚磷酸钠、焦磷酸钠或多聚磷酸钠等。本品优选的缓凝剂为一种有机类缓凝剂与一种无机类缓凝剂的混合，有机类缓凝剂与无机类缓凝剂的质量比为（1:1）~（3:1）。

所述功能助剂为聚丙烯乙二醇醚与聚丙烯丙二醇醚的混合物，该混合物可以是任意配比，本品优选的聚丙烯乙二醇醚与聚丙烯丙二醇醚的质量比为（1:2）~（3:1）。

所述防腐剂为对羟基苯甲酸酯类防腐剂。

① 配合比　见表 2-15。

表 2-15 复合聚羧酸减水剂配合比

原料名称	质量份	原料名称	质量份
聚羧酸高性能减水剂	200	聚丙烯丙二醇醚(功能助剂)	0.25
缓凝剂葡萄糖酸钠	30	对羟基苯甲酸酯(防腐剂)	1.5
聚丙烯乙二醇醚(功能助剂)	0.75	水	768

② 配制方法　在 1000L 反应釜中依次投入改性聚醚类聚羧酸高性能减水剂（固含量 40%）200kg，葡萄糖酸钠 30kg，功能助剂 0.1kg（聚丙烯乙二醇醚 0.04kg、聚丙烯丙二醇醚 0.06kg），对羟基苯甲酸酯类防腐剂 1.5kg，自来水 768kg，搅拌 20min 左右使其溶解成均匀溶液，其配制的溶液浓度为 13.3%（固含量），制得复合聚羧酸减水剂。

（3）产品技术性能

将本工艺配制的复合聚羧酸减水剂用于商品混凝土生产中，其制备方法为：水泥:矿粉:粉煤灰:水:河砂:碎石:外加剂 = 1.0:0.38:0.4:3:0.71:3.78:0.0009。本专利的复合聚羧酸减水剂掺量为总胶凝材料的 1.7%（液体），混凝土的强度等级为 C40。其检测结果如表 2-16。

表 2-16 复合聚羧酸减水剂技术性能检测结果

试验项目		技术要求	检测结果
减水率/%		≥25	30.3
含气量/%		≤6	2.5
坍落度/扩展度/mm		225/580	210/565
表面外观		气泡较少，表面光滑	气泡较少，表面光滑
抗压强度 /MPa	R_3	22.8	23.7
	R_7	35.5	37.4
	R_{28}	48.5	50.9

（4）施工及使用方法

复合聚羧酸减水剂的掺量范围为总胶凝材料的 1.7%（液体），可与拌合水一起加入，搅拌运输车运送的商品混凝土可采用减水剂后掺法。

配方 11　烯丙基聚醚型聚羧酸高性能减水剂

（1）产品特点与用途

本工艺合成的烯丙基聚醚型聚羧酸高性能减水剂的结构中不包含酯键，但包含醚键以及羧基、酰氨基、磺酸基等能够提供较高分散效果的官能团。产品性能优异，折固掺量 0.25%，水灰比为 0.29，水泥净浆 2h 损失较小，保坍效果好、掺量小，且适应不同厂家的水泥。在极低水灰比（W/C = 0.20~0.23）下，与其他国产减水剂相同掺量时，水泥净浆仍可保持较高的分散性能，应用于混凝土工程，有较好的工作性能，混凝土和易性好。本品生产工艺反应过程不需要氮气保护，原料无污染、反应过程安全、环保、清洁，属于清洁生产工艺。

烯丙基聚醚型聚羧酸高性能减水剂适用于配制 C30~C100 的高流态、高保坍、高强、超高强的混凝土。

（2）配方

① 配合比　见表2-17。

表 2-17　烯丙基聚醚型聚羧酸高性能减水剂配合比

原料名称	质量份	原料名称	质量份
水	41	过硫酸铵①	0.063
马来酸酐	1.5	水①	35
丙烯酸	0.25	过硫酸铵②	0.027
α-丙烯酰胺-α-甲基丙磺酸	0.05	水②	15
烯丙基聚乙二醇醚	1	NaOH 溶液（30%）②	调节 pH=6~6.5

② 配制方法

a. 马来酸酐预处理：用 30%~50% 的 NaOH 溶液调节其中和度，使半处理后的中和度达到 0.2~0.5。

b. 将反应釜升温至 40~60℃，在反应釜中装入经 a 步骤预处理的马来酸酐水溶液，随后将 α-丙烯酰胺-α-甲基丙磺酸和丙烯酸混合物的水溶液与烯丙基聚乙二醇醚单体混合，升温至 70~90℃，滴加混合单体，滴加时间为 45~180min。

c. 将占引发剂溶液总质量 70%~80% 的过硫酸铵引发剂水溶液以细流方式滴加入反应釜内，滴加时间为 45~180min，滴加完毕封闭反应 30~60min 后，经自然冷却，降温至 55℃ 以下，用 NaOH 溶液调节 pH 值=6.5±0.5，即制得固含量为 38%~52% 的烯丙基聚醚型混凝土高性能减水剂。

（3）产品技术性能　见表2-18。

表 2-18　烯丙基聚醚型聚羧酸高性能减水剂质量指标

项目	指标	项目		指标
固含量/%	38~52	坍落度保留值/mm	30min	≥180（用于泵送混凝土时）
密度/(g/cm³)	1.07±0.005		60min	≥150（用于泵送混凝土时）
氯离子含量/%	≤0.05	常压泌水率比/%		≤20
水泥净浆流动度/mm	≥240	抗压强度比/%	1d	≥130
pH 值	6.5±0.5		3d	≥150
含气量/%	≤3.0		7d	≥140
减水率/%	≥22		28d	≥130

（4）施工及使用方法

① 烯丙基聚醚型聚羧酸高性能减水剂的掺量为水泥质量的 0.25%~1%，常用掺量为 0.4%~0.8%。

② 把烯丙基聚醚型聚羧酸减水剂溶液与拌合水一起加入搅拌机内，搅拌均匀，注意减水剂溶液中的水量应计入混凝土总用水量中。

③ 搅拌过程中，烯丙基聚醚减水剂溶液略滞后于拌合水 1~2min 加入。

④ 搅拌运输车运送的商品混凝土可采用减水剂后掺法。

⑤ 在使用本产品时，应按混凝土配合比事先检验与水泥的适应性。

配方 12　聚醚类聚羧酸高性能减水剂

（1）产品特点与用途

聚醚类聚羧酸高性能混凝土减水剂是以水为溶剂，烯丙基聚氧乙烯醚为链转移剂复合制成的。其工艺简单、成本低、性能优异，可有效减小混凝土的水灰比、改善混凝土孔结构和密实度、提高混凝土的强度和耐久性，对提高高性能混凝土工程质量和使用寿命、降低工程成本、减少环境污染具有重要意义。

本品适用于高性能混凝土施工。

（2）配方

① 配合比　见表 2-19。

表 2-19　聚醚类聚羧酸高性能减水剂配合比

原料名称	质量份	原料名称	质量份
水	207	甲基丙烯酸	1
烯丙基聚氧乙烯醚（重均分子量为 2000）	80	丙烯酸	0.85
过硫酸铵水溶液（10%）	30	甲基丙烯酸羟乙酯	2.6
α-丙烯酰胺-α-甲基丙烯磺酸	2.5	NaOH 溶液（30%）	调节 pH = 6.8~7.2
马来酸酐	11.8		

② 配制方法

向配有温度计、搅拌机、滴液漏斗和冷凝器的搪瓷反应釜中加入水、烯丙基聚氧乙烯醚和链转移剂的水溶液，搅拌升温至 50~90℃；滴加不饱和酸及其衍生物的一种或一种以上的混合液，保持温度不变，在 2~6h 内滴完，保温反应 1~6h；自然冷却至室温，用 30% 氢氧化钠水溶液中和 pH 值至 6.8~7.2，得到固含量约为 30%~40% 的聚醚类聚羧酸高性能减水剂。

（3）施工及使用方法

聚醚类聚羧酸高性能减水剂掺量范围为水泥质量的 0.5%~1%，常用掺量为 0.5%~0.8%。可根据减水剂与水泥的适应性、气温的变化、混凝土坍落度等要求，在推荐范围内调整确定最佳掺量。聚醚类聚羧酸高性能减水剂是水溶液可按计量直接掺入混凝土搅拌机中使用。

配方 13　早强型聚羧酸系高性能减水剂

（1）产品特点与用途

早强型聚羧酸系高性能减水剂是针对现有聚羧酸系减水剂在早期强度方面的不足，通过主、侧链基团等分子结构设计，引入新的聚合单体，在氧化-还原体系作用下通过水溶液聚合生成。其减水率高、凝结时间短、混凝土含气量低，具有显著的早强增强性能；且中后期强度稳定增长，制备方法操作简单、生产周期短、成本低廉。特别是用于预制混凝土时，可以显著提高混凝土早期强度，从而提早脱模，提高生产效率，降低预制混凝土生产能耗。

（2）早强型聚羧酸系高性能减水剂的配制原理及制备方法

早强型聚羧酸系高性能减水剂，其特征在于由下列单体在氧化-还原体系作用下进行水溶液聚合而成。

① 单体 A 为甲基烯丙基聚氧乙烯醚，分子量为 3000~5000，单体 A 占总反应固体重量的 75%~90%。

② 单体 B 为月桂醇，单体 B 占总反应物固体质量的 0.5%~2.0%。

③ 单体 C 的结构式如下：

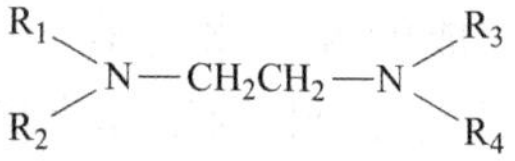

$$R_1 \underset{R_2}{\overset{R_1}{N}} - CH_2CH_2 - N \underset{R_4}{\overset{R_3}{}}$$

其中，R_1、R_2、R_3、R_4 分别独立代表 H、羟乙基或羟丙基，但 R_1、R_2、R_3、R_4 不能同时为 H；单体 C 占总反应物固体质量的 0.8%~3.2%。

④ 单体 D 为丙烯酸或甲基丙烯酸，单体 D 占总反应物质量的 5%~20%。

⑤ 单体 E 为不饱和磺酸盐单体，包括烯丙基磺酸盐、甲基烯丙基磺酸盐、苯乙烯磺酸盐等中的一种或几种的混合物，单体 E 占总反应物固体质量的 1%~3.5%。

⑥ 所述的单体 C 可选自二羟乙基乙二胺、二羟丙基乙二胺、四羟乙基乙二胺或四羟丙基乙二胺中的一种或一种以上任意比例的混合物。

早强型聚羧酸系高性能减水剂的制备方法：

① 将单体 A、单体 B 和单体 E 投入反应釜，升温至 30℃ 并搅拌以使其均溶解于水中，升温至 50℃ 并加入氧化剂。

② 分别滴加单体 C 与单体 D 的混合水溶液和还原剂与链转移剂的混合水溶液，在 2~4h 内同时滴完，加完后保持在 50℃ 继续搅拌 1h。

③ 降至室温并加入水和液碱，调节 pH 值为 5~6.5，固含量约为 40%。

早强型聚羧酸系高性能减水剂制备方法所述氧化剂为过氧化氢或叔丁基过氧化氢，其用量为反应单体总质量的 0.5%~2.2%；所述的还原剂为抗坏血酸，其用量为反应单体总质量的 0.1%~0.6%；所述的链转移剂为巯基乙醇、巯基乙酸或 3-巯基丙酸，用量为反应单体总质量的 0.3%~1.5%。

（3）配方（实施例）

① 配合比　见表2-20。

表 2-20　早强型聚羧酸系高性能减水剂配合比

原料名称	质量份	原料名称	质量份
甲基烯丙基聚氧乙烯醚（$M_w=5000$）	344	水	120
月桂醇	3	抗坏血酸	1.8
烯丙基磺酸钠	6.2	巯基乙酸	2.4
水	220	水	100
双氧水	4.5	氢氧化钠水溶液（30%）	32
四羟乙基乙二胺	6.4	水	140
丙烯酸	23		

② 配制方法　在反应釜中加入 344 份甲基烯丙基聚氧乙烯醚（$M_w=5000$）、3 份月桂醇和 6.2 份烯丙基磺酸钠，并加入 220 份水，升温至 30℃ 并搅拌以使其均溶解于水中，升温至 50℃ 并加 4.5 份双氧水搅拌均匀；同时滴加由 6.4 份四羟乙基乙二胺、23 份丙烯酸及 120 份水配成的混合水溶液和由 1.8 份抗坏血酸、2.4 份巯基乙酸及 100 份水配成的混合水溶液，3.5h 内滴加完毕；加完后保持在 50℃ 继续搅拌 1h；降至室温后加入 30% 氢氧化钠水溶液 32 份并加水 140 份搅拌均匀即可。

（4）产品技术性能

参照国家标准 GB 8076—2008《混凝土外加剂》相关规定，评价掺早强型聚羧酸系高性能减水剂的混凝土的减水率、凝结时间及不同龄期强度。试验采用金宁羊 P.Ⅱ 52.5 水泥，细度模数为 2.7 的中砂，5~20mm 连续级配的碎石，混凝土配合比为中水泥∶粗骨料∶细骨料（C∶S∶G）= 360∶842∶1028，调整用水量使新拌混凝土初始坍落度为 210mm±10mm，减水剂的掺量为水泥质量的 0.2%（折固）。试验结果见表2-21。

表 2-21　掺早强型聚羧酸系高性能减水剂的混凝土性能

样品名称	减水率/%	含气量/%	凝结时间/min		抗压强度/MPa/抗压强度比/%		
			初凝	终凝	1d	7d	28d
空白	—	14	5.20	7.05	4.1/100	14.7/100	24.1/100
实施例	32.8	24	4.20	5.55	14.5/354	38.4/261	47.6/197

由表2-21试验结果可见，早强型聚羧酸系高性能减水剂具有减水率高、混凝土含气量低、凝结时间短的特点，掺早强型聚羧酸系高性能减水剂的混凝土 1d 抗压强

度得到明显提高，且对 28d 抗压强度无不良影响。早强型聚羧酸系高性能减水剂具有突出的减水性能，尤其具有显著的早强增强性能，且中后期强度稳定增长，有利于加快模板周转，加快施工进度。早强型聚羧酸系高性能减水剂制备过程具有操作简单、生产周期短、成本低廉等优点，适合工业化生产。

（5）施工及使用方法

早强型聚羧酸系高性能减水剂掺量范围为水泥质量的 0.2%~1%，常用掺量为 0.2%~0.8%，可根据与水泥的适应性、气温的变化、混凝土坍落度等要求，在推荐范围内调整确定最佳掺量。早强型聚羧酸系高性能减水剂溶液可按计量直接掺入混凝土搅拌机中使用。

配方 14　聚甲基丙烯磺酸钠改性聚羧酸系高性能减水剂

（1）产品特点与用途

本品是以水为溶剂，采用甲基丙烯磺酸钠单体与马来酸酐、甲基丙烯酸、聚乙二醇甲基丙烯酸酯等不饱和酸及衍生物单体溶液和引发剂，在 50~80℃ 水溶液中，引发剂和链转移剂存在的条件下进行共聚而制得。本品性能优良，具有掺量低、减水率高、坍落度经时损失小、与水泥适应性好、对环境无污染的优点。整个生产过程无 "三废"（废水、废气、废渣）排放，有利于环境保护。在混凝土中加入本品后，无需再添加其他活性掺合料，即可制备 C40~C80 的高强混凝土；节约水泥，节省资金成本；可广泛适用于高强混凝土、泵送混凝土、自流平混凝土、超流态自密实混凝土。

（2）配方

① 配合比　见表 2-22。

表 2-22　聚甲基丙烯磺酸钠改性聚羧酸系高性能减水剂配合比

原料名称	质量份	原料名称	质量份
甲基丙烯磺酸钠	15	水②	165
水①	36	亚硫酸氢钠	1.8
马来酸酐	18	水③	51
丙烯酸或甲基丙烯酸	22	过硫酸钾	4.1
聚乙二醇甲基丙烯酸酯	25		

② 配制方法

a. 在装有温度计、搅拌器、滴液漏斗、回流冷凝管、惰性气体导入管的反应釜中，先用惰性气体置换釜中的空气。

b. 向反应釜内加入甲基丙烯磺酸钠单体和水①作为底料，水浴加热至55~80℃。

c. 将事先配制好成一定浓度的马来酸酐、丙烯酸或甲基丙烯酸、聚乙二醇甲基丙烯酸酯等不饱和酸及其衍生物单体溶液和水②、引发剂亚硫酸氢钠、水③配制的溶液分别从不同滴液漏斗同时滴加到反应釜中，在 1~2h 内滴完后，加入少许过硫酸钾链转移剂升温至 80~90℃，保温反应 3~6h，反应结束冷却到 20℃，用 30%氢氧化钠溶液调节产物 pH 值为 6~9，即制得成品。

③ 质量份配比范围：甲基丙烯磺酸钠 5~35、水①20~81、马来酸酐 17~19、丙烯酸或甲基丙烯酸 21~23、聚乙二醇甲基丙烯酸酯 24~26、水②105~165、亚硫酸氢钠 0.9~1.8、水③27~68、过硫酸钾 4~4.2。

（3）产品技术性能

① 掺量低、减水率高，一般常用掺量为水泥用量的 0.4%~1.0%，减水率可达 25%~30%，在近极限掺量 0.2%时，减水率可达 35%以上，与普通高效减水剂相比，减水率大幅提高，掺量大幅度降低。混凝土各龄期强度均有显著提高，3~7d 抗压强度比为 130%~150%，28d 强度仍可提高 20%左右。

② 混凝土拌合物的流动性好，坍落度损失小。2h 坍落度基本不损失，掺量为水泥用量的 0.25%，混凝土拌合物坍落度可达 19cm，其高工作性可保持 6~8h，很少存在泌水、分层现象。

③ 与水泥、掺合料及其他外加剂的相容性好。

④ 以水为溶剂，生产过程无工业"三废"排放，对环境无污染，真正做到了清洁生产，属绿色环保产品。

（4）施工及使用方法

本品掺量范围为水泥质量的 0.5%~1.2%，常用掺量为 0.4%~1.0%。

配方 15　星型聚羧酸系高性能减水剂

（1）产品特点与用途

星型聚羧酸系高性能减水剂，它是由 3.2%~5%的马来酸酐（MAP）和 1.2%~2%甘油（GL）反应生成的星型单体，然后与 26%~32%甲基烯丙基聚醚（TPEG）、2.4%~3%丙烯酸（AA）及 0.4%~0.8%甲基丙烯磺酸钠（MAS）等单体，在过硫酸铵（APS）和巯基丙酸（MPA）作用下进行水溶液聚合而成。本品星型分子结构，增加了与水泥颗粒的接触面积，提高了其与水泥颗粒之间的键合力，增大了分子的空间位阻作用，从而使减水剂具有更好的分散效果。星型聚羧酸系高性能减水剂改善了现有减水剂掺量较大、坍落度损失大、水泥适应性差等特点，本品具有掺量小、减水率高、坍落度保持性能好、与水泥适应性好等特点。本品不使用有机溶剂，生产工艺操作简单，反应过程容易控制，绿色环保，适用于制备高强、高耐久性、自密实的高性能混凝土，特别适用于配制 C30~C100 的高流态、高保坍、高强、超高强的混凝土。

（2）配方

① 配合比　见表 2-23。

表 2-23　星型聚羧酸系高性能减水剂配合比

原料名称	质量份	原料名称	质量份
马来酸酐（MAD）	32~50	过硫酸铵（APS）	2.2~3.6
甘油（GL）	12~20	巯基丙酸（MPA）	1.0~2.4
甲基烯丙基聚醚（TPEG）	260~320	30%液碱（SH）	16~28
丙烯酸（AA）	24~30	水	560~590
甲基丙烯磺酸钠（MAS）	4~8		

② 配制方法

a. 星型单体的合成：在配置有搅拌器、温度计、冷凝管和分水器的搪瓷反应釜中加入甘油（GL），在搅拌下升温至 60~80℃，将定量的马来酸酐（MAD）分 2~5 次，每次间隔 8~12min 缓慢加入；投料完毕后升温至 100~120℃，保温反应 5~7h，加水配成质量分数为 60%~80% 的淡黄色透明溶液。

b. 星型聚羧酸系减水剂的制备：向装有温度计、搅拌器和回流冷凝管的反应釜中加入计量的星型单体，搅拌并升温至 80~100℃，分别缓慢滴加丙烯酸（AA）与甲基丙烯磺酸钠（MAS）的混合溶液及过硫酸铵（APS）与巯基丙酸（MPA）的混合溶液，2~4h 滴完，保温反应 1.5~2.5h 后降温至 40℃ 以下，加入液碱（SH）调节 pH 值为 6~7，出料制得黄色透明液体星型聚羧酸系高性能减水剂。

③ 实施例　在配置有搅拌器、温度计、冷凝管和分水器的搪瓷反应釜中加入 12.5kg 甘油（GL），在搅拌下升温至 70℃；将 35kg 的马来酸酐（MAD）分 3~4 次，每次间隔 10min 缓慢加入。投料完毕后升温至 110℃，保温反应 6h，加 20kg 水配成质量份数为 70% 的溶液，制得一种淡黄色透明液体。将 305kg 甲基烯丙基聚醚（TPEG）及所制的星型单体加入反应釜，加水 460kg 搅拌并升温至 90℃，26kg 丙烯酸（AA）和 5.8kg 甲基丙烯磺酸钠（MAS）加水 45kg 配成滴加液 A，2.8kg 过硫酸铵（APS）和 1.5kg 巯基丙酸（MPA）加水 60kg 配成滴加液 B，分别缓慢滴加 A、B 两种滴加液，3h 滴完，保温反应 2h 后降温至 40℃ 以下，加入 22kg 液碱（SH）调节 pH 值为 6~7，出料制得成品 ZT-A 星型聚羧酸系高性能减水剂。

（3）产品技术性能

① 分散性能及坍落度保持能力　评价实施例中合成的 ZT-A 星型聚羧酸系高性能减水剂、市售聚羧酸系减水剂的分散性能及坍落度保持能力，参照国家标准 GB 8076—2008《混凝土外加剂》相关规定执行，试验水泥采用基准水泥，混凝土配合比中水泥∶粗骨料∶细骨料（C∶S∶G）= 360∶836∶1024，减水剂均为固掺 0.15%，调整用水量使新拌混凝土初始坍落度为 210mm±10mm。对比的聚羧酸系高性能减水剂选用南京瑞迪高新技术有限公司生产的 GX 高性能减水剂。试验结果见表 2-24。

表 2-24 ZT-A 星型聚羧酸系高性能减水剂与其他高效减水剂的混凝土性能对比

样品名称	减水率/%	坍落度/mm		坍扩度/mm		抗压强度/MPa		
		0h	1h	0h	1h	3d	7d	28d
ZT-A	23.9	210	215	470	405	36.2	44.6	49.8
GX	18.6	220	235	480	/	31.4	38.6	42.9

　　试验结果表明，ZT-A 星型聚羧酸系高性能减水剂实施例减水率高于对比的 APEG 类减水剂 GX，坍落度保持性能优于对比样品。

　　② ZT-A 星型聚羧酸系高性能减水剂对水泥的适应性　试验方法参照 GB 8076—2008《混凝土外加剂》的相关规定执行。其中减水剂均为固掺 0.2%，混凝土配合比同①，调整用水量使新拌混凝土初始坍落度为 210mm±10mm，试验结果见表2-25。结果表明，对所考察的四种不同地区的水泥，其减水率都在 28% 以上，采用不同的水泥测得的减水率相差很小，且其 1h 坍落度基本都能保持。因此，无论是坍落度保持能力或是减水性能，ZT-A 星型聚羧酸系高性能减水剂对不同的水泥都是相适应的。

表 2-25 ZT-A 星型聚羧酸系高性能减水剂对水泥的适应性

样品名称	水泥品种	减水率/%	坍落度/mm		坍扩度/mm	
			0h	1h	0h	1h
ZT-A	湖北洋房 PⅡ525	28.1	210	215	440	455
	芜湖海螺 PO 425	29.0	205	190	435	400
	南京中联 PO 425	30.5	210	185	450	380
	镇江鹤林 PO 425	31.2	215	230	480	535
ZT-B	湖北洋房 PⅡ525	28.9	205	210	425	430
	芜湖海螺 PO 425	30.1	215	210	490	475
	南京中联 PO 425	29.6	210	200	475	440
	镇江鹤林 PO 425	30.3	215	185	445	390
ZT-C	湖北洋房 PⅡ525	29.5	220	215	460	420
	芜湖海螺 PO 425	28.8	215	185	480	385
	南京中联 PO 425	30.5	215	190	485	420
	镇江鹤林 PO 425	29.8	215	220	465	490

　　(4) 施工及使用方法

　　ZT-A 星型聚羧酸系高性能减水剂掺量范围为水泥质量的 0.3%~1.0%，常用掺量为 0.2%~0.8%，可根据与水泥的适应性、气温的变化和混凝土坍落度等要求，在推荐范围内调整确定最佳掺量。ZT-A 星型聚羧酸系高性能减水剂溶液可按计量直接掺入混凝土搅拌机中使用。

配方 16　PC-1 保塑型聚醚类聚羧酸系高性能减水剂

（1）产品特点与用途

PC-1 保塑型聚醚类聚羧酸系高性能减水剂是在引发剂的作用下，由不饱和聚氧烷基醚单体 A、不饱和一元羧酸及其衍生物单体 B、不饱和二元羧酸及其衍生物单体 C 和不饱和磺酸或其盐单体 D 在 50~80℃温度下于水溶液中共聚 2~8h，然后降温至 35~45℃，用碱性溶液中和至 pH=5~7 制得。

本品合成的聚醚类高性能减水剂分子结构多变，小分子单体的共聚比例提高，分子结构均匀，在低掺量下具有高减水率、高分散性能及良好的坍落度保持性能，且坍落度及扩展度损失小，对混凝土原材料的适应性好，且掺加该减水剂的混凝土具有良好的和易性；本品采用一步法合成工艺，具有操作工艺简单、生产能耗少、绿色无污染等特点。PC-1 保塑型聚醚类聚羧酸高性能减水剂适用于配制高性能混凝土。

（2）配方

① 配合比　见表 2-26。

表 2-26　PC-1 保塑型聚醚类聚羧酸系高性能减水剂配合比

原料名称	质量份	原料名称	质量份
分子量 1000~5000 甲基烯基聚氧乙烯基醚单体 A	25~50	过硫酸盐引发剂	0.5~15
不饱和一元羧酸及其衍生物单体丙烯酸甲酚 B	0.1~20	氧化-还原引发剂	0.1~5
不饱和二元羧酸及其衍生物单体马来酸 C	0.5~25	水	40~60
不饱和磺酸或其盐单体烯丙基磺酸及其盐 D	0.6~15		

② 配制方法　PC-1 保塑型聚羧酸系高性能减水剂是在引发剂的作用下，由以下单体为反应原料在水溶液中共聚而成。

a. 不饱和聚氧烷基醚单体 A：由通式（1）表示的甲基烯基聚氧烷基醚，或由通式（1）表示的甲基烯基聚氧烷基醚和由通式（2）表示的烯丙基聚氧乙烯基醚的组合物。

$$\begin{array}{cc} R_1 & R_2 \\ | & | \\ HC\!=\!C & \\ \end{array}$$
$$H_2C\!-\!CH_2\!-\!O\!\!\left(\!CH_2\!-\!CH_2\!-\!O\!\right)_n\!\!\left(\!CH_2\!-\!\underset{\underset{CH_3}{|}}{CH}\!-\!O\!\right)_m\!\!H \qquad (1)$$

$$H_2C{=}CH$$
$$CH_2{-}O{+}CH_2{-}CH_2{-}O{)_q}H \qquad (2)$$

其中 R_1、R_2 代表氢或甲基，且 R_1、R_2 不同时为氢；n、m、q 是氧化烷基的基团平均加成摩尔数，其中 n 代表 20~120 间任一整数，m 代表 0~70 间任一整数，q 代表 5~120 间任一整数。

在共聚物中，单体 A 是由通式（1）表示的甲基烯基聚氧烷基醚中的一种或两种或多种的混合物，或者是由通式（1）表示的甲基烯基聚氧烷基醚中的一种或两种或多种的混合物与由通式（2）表示的烯丙基聚氧乙烯基醚中的一种或两种或多种的混合物组合使用。

b. 不饱和一元羧酸及其衍生物单体 B：由通式（3）表示。

$$R_4 \quad R_5$$
$$C{=}C$$
$$R_3 \qquad COOR_6 \qquad (3)$$

其中 R_3、R_4、R_5 均代表氢或有 1~5 个碳原子数的烷基基团；R_6 代表 M_1 或者 $(R_7)_k OM_2$，M_1、M_2 代表氢、一价金属、铵或有机胺；R_7 表示有 2~6 个碳原子的饱和烃基基团；k 代表 1~10 间任意一个整数。

在共聚物中，单体 B 是其中一种单独使用或两种或多种混合使用；选自丙烯酸、丙烯酸甲酯、丙烯酸羟乙酯、丙烯酸羟丙酯、丙烯酰胺、甲基丙烯酸、甲基丙烯酸甲酯、甲基丙烯酸羟乙酯、甲基丙烯酸羟丙酯、甲基丙烯酰胺中的一种或几种的混合物。

c. 不饱和二元羧酸及其衍生物单体 C：由通式（4）和通式（5）表示。

$$R_8 \quad COOM_3$$
$$C{=}C{-}(CH_2{)_a}COOR_{10} \qquad (4)$$
$$R_9$$

$$COOM_4$$
$$R_{11}{-}CH{+}(CH_2{)_b}COOR_{12} \qquad (5)$$

其中 R_8、R_9 均代表氢或者有 1~5 个碳原子数的烷基基团、苯基基团或烷基苯基基团；R_{11} 代表 1~5 个碳原子的不饱和烃基基团；R_{10}、R_{12} 代表 M_5 或者 $(R_{13})_t OM_6$，M_3、M_4、M_5、M_6 代表氢、一价金属、铵或有机胺，R_{13} 表示有 2~6 个碳原子的饱和烃基基团，t 代表 1~10 间任意一个整数；a、b 代表 1~5 间任意一个整数，通式（4）和通式（5）还包括在—$COOM_3$ 与—$COOR_{10}$ 基团、—$COOM_4$ 与—$COOR_{12}$ 基团分别连接的碳原子间形成一个酸酐基团来代替—$COOM_3$ 与—$COOR_{10}$ 基团、—$COOM_4$ 与—$COOR_{12}$ 基团。

在共聚物中，单体 C 是其中一种单独使用或两种或多种混合使用；选自马来酸、富马酸、衣康酸、柠康酸、马来酸酐、富马酸酐、衣康酸酐、柠康酸酐及其酯化物单体中的一种或几种的混合物。

d. 不饱和磺酸或其盐单体 D：由通式（6）表示。

$$H_2C = \overset{\overset{\displaystyle R_{14}}{|}}{C} - CH_2 - SO_3M_7 \tag{6}$$

其中 R_{14} 表示氢或 1~5 个碳原子数的烷基基团；苯基基团或烷苯基基团；M_7 表示氢、一价碱金属、二价碱土金属、氨、1~5 个碳原子数的烷氨基基团或羟基取代的 1~5 个碳原子数的烷氨基基团。

在共聚物中，共聚单体 D 是其中一种单独使用或两种或多种混合使用；选自烯丙基磺酸或其盐、甲代烯丙基磺酸或其盐、苯乙烯磺酸或其盐中的一种或几种的混合物。

所述减水剂是在引发剂的作用下，由不饱和聚烷氧基醚单体 A、不饱和一元羧酸及其衍生物单体 B、不饱和二元羧酸及其衍生物单体 C、不饱和磺酸或其盐单体 D 在 50~80℃下于水溶液中共聚 2~8h，反应结束后降温至 35~45℃，再用碱性溶液中和至 pH=5~7 制得。

所述不饱和聚氧烷基醚单体 A 中，由通式（1）表示的甲基烯基聚氧烷基醚占单体 A 总质量的 10%~100%；由通式（2）表示的烯丙基聚氧乙烯基醚占单体 A 总质量的 0~90%。

共聚单体 A 为分子量 1000~5000 的甲基烯基聚氧乙烯基醚中的一种或多种的混合物，或为分子量 1000~5000 的甲基烯基聚氧乙烯基醚一种或多种的混合物和分子量 300~5000 的烯丙基聚氧乙烯基醚一种或多种的混合物的组合，组合比例为（999：1）~（1：9）。

所述过硫酸盐类引发剂包括过硫酸钾、过硫酸钠、过硫酸铵中的任一种或两种或多种的混合物，过硫酸盐引发剂的用量占所用单体总质量的 0.5%~15%，过硫酸盐配制成质量分数为 1%~15% 的水溶液。

所述氧化-还原类引发剂包括氢过氧化物、过硫酸盐中的一种或它们的混合物，所述氧化剂的用量占所用单体总质量的 0.2%~10%；氧化-还原类引发剂中的还原剂包括硫的低价化合物、L—天门冬氨酸中的一种或它们的混合物，还原剂的用量占所用单体总质量的 0.1%~5%。

所述的碱性溶液为氢氧化钠、氢氧化钾、乙二胺、三乙醇胺中的一种。

③ 实施例 在配置有搅拌器、温度计、滴加装置、回流冷却器的反应釜中加入 272.4kg 去离子水、1200kg 甲基烯基聚氧乙烯基醚（分子量为 2400）、7.2kg 丙烯酸、196kg 马来酸酐和 14.4kg 丙烯磺酸钠，搅拌升温至 80℃；将 7.1kg 过硫酸钾溶于 702.9kg 去离子水中配制成 1% 浓度的引发剂溶液，在 80℃ 温度下向反应釜内一次性加入 497kg 引发剂溶液，80℃下恒温反应 1h；再一次性加入剩余的引发剂溶液，80℃下恒温反应 1h，反应结束后冷却至 40℃；加入 30% 氢氧化钠水溶液调节 pH 值为 5，调整聚合物的浓度为 40%，即制得 PC-1 保塑型聚羧酸高性能减水剂。

④ 比较例 A-1 在配置有搅拌器、温度计、滴加装置、回流冷却器的反应釜内加入 555.9kg 去离子水、960kg 烯丙基聚氧乙烯基醚（分子量为 2400）、156.8kg 马

来酸酐和 19kg 甲基丙烯磺酸钠，搅拌升温至 80℃；将 20.2kg 丙烯酸溶于 181.8kg 去离子水中配制成单体溶液，将 40.5kg 过硫酸铵溶于 465.8kg 去离子水中配制成 8%浓度的引发剂溶液，在 80℃下向上述反应釜内同时控速滴加单体溶液和 354.4kg 引发剂溶液，3h 滴完，80℃下恒温反应 1h；再一次性加入剩余的引发剂溶液，80℃ 下恒温反应 2h，反应结束后冷却至 45℃；加入 30%氢氧化钠溶液调节 pH 值为 6，调整聚合物的浓度为 40%，制得比较例用的 A-1 聚醚类聚羧酸高性能减水剂。

该比较例 A-1 中，未使用由通式（1）表示的甲基烯基聚氧烷基醚而仅使用了由通式（2）表示的烯丙基聚氧乙烯基醚作为单体 A。该比较例用以说明通式（1）化合物的使用对本发明专利有特殊意义。

（3）产品技术性能

参照 GB 8076—2008、GB/T 8077—2012《混凝土外加剂匀质性试验方法》将实施例 PC-1、比较例 A-1 制得的保塑型聚羧酸高性能减水剂配制的混凝土进行对比试验，其技术性能结果见表 2-27、表 2-29。

① 净浆试验　采用基准水泥，按照 GB/T 8077—2012《混凝土外加剂匀质性试验方法》测试水泥的净浆流动度，水灰比为 0.29，减水剂掺量为折固掺量，结果见表 2-27。

表 2-27　水泥净浆流动度试验

减水剂样品	折固掺量/%	水泥净浆流动度/mm			
		5min	30min	60min	120min
PC-1	0.18	260	258	256	242
A-1	0.20	270	263	255	243

由表 2-27 的测试结果可知，与比较例 A-1 相比，本发明实施例中制备的减水剂 PC-1 在低掺量下（<0.20%），初始净浆流动度均大于 260mm，且 120min 内的净浆流动度损失较小（<20mm）；而由于 A-1 仅采用烯丙基聚氧乙烯基醚作为大单体（没使用通式 1 的化合物），均在高于 PC-1 的掺量下，初始净浆流动度与之相当甚至较低，且 120min 内的净浆流动度损失较大（>20mm）。说明本发明实施例的减水剂具有更好的初始分散性能和分散保持性能。

② C35 混凝土试验　采用普通硅酸盐水泥 P.O42.5，粉煤灰（Ⅱ级）、矿粉（S95）、中粗砂（河砂，含水率 3%），卵碎石（粒径 5～25mm，连续粒级），按照表 2-28 中的混凝土配合比，表 2-29 中的减水剂的折固掺量，参照 GB 8076—2008《混凝土外加剂》配制混凝土，测试结果见表 2-29。

表 2-28　C35 混凝土配合比

单位：kg/m³

水泥	粉煤灰	矿粉	砂	石	水胶比	砂率
260	60	70	970	865	0.45	53%

表 2-29 C35 混凝土试验测试结果

减水剂样品	折固掺量/%	初始			60min	
		坍落度/mm	扩展度/mm	含气量/%	坍落度/mm	扩展度/mm
PC-1	0.26	225	540	5.2	205	430
A-1	0.32	225	490	4.3	200	360

由表 2-29 的测试结果可知，与比较例 A-1 相比，在低掺量下（<0.32%），采用 PC-1 配制的混凝土具有较高的初始坍落度（≥225mm）和扩展度（>520mm），且 60min 的坍落度及扩展度损失较小（坍落度损失≤25mm，扩展度损失≤110mm），说明采用本发明实施例中制备的 PC-1 减水剂具有更高的减水率、更好的初始分散及分散保持性能。

（4）施工及使用方法

PC-1 保塑型聚醚类聚羧酸高性能减水剂掺量范围为水泥质量的 0.2%~0.3%，常用掺量为 0.2%~0.25%，可根据与水泥的适应性、气温的变化和混凝土坍落度等要求，在推荐范围内调整确定最佳掺量。PC-1 减水剂溶液可按计量直接掺入混凝土搅拌机中使用。

配方 17　PC-2 聚羧酸高性能减水剂

（1）产品特点与用途

PC-2 聚羧酸高性能减水剂是由 60%~95% 的单体 A、3%~25% 的单体 B、0.1% ~30% 的单体 C 和 0~20% 的单体 D 在 50~100℃ 水溶液中、引发剂和链转移剂存在的条件下进行共聚制得。PC-2 聚羧酸高性能减水剂具有掺量低、高减水率和高坍落度保持能力，分子结构设计自由度大、环境友好等特点，适用于砂浆或高性能混凝土。

（2）配方

① 配合比　见表 2-30。

表 2-30 PC-2 聚羧酸高性能减水剂配合比

原料名称	质量份
烯丙基聚乙二醇(平均 EO 加成数 54)	160
水	120
30%浓度双氧水	5
维生素 C 水溶液(由 0.4kg 维生素 C、1.2kg 3-巯基丙酸溶于 40kg 水中制得)	41.6
单体水溶液(由 24kg 丙烯酸、16kg C-1 溶于 89kg 水中制得)	129
NaOH 水溶液(30%)	44.4

② 配制方法　在配置有搅拌器、温度计、滴液漏斗的反应釜中加入 160kg 烯丙

基聚乙二醇、120kg 水、5kg 30% 浓度的双氧水，搅拌升温至 65℃。同时滴加 41.6kg 维生素 C 水溶液（由 0.4kg 维生素 C、1.2kg 3-巯基丙酸溶于 40kg 水中制得）和 129kg 单体水溶液（由 24kg 丙烯酸、16kg C-1 溶于 89kg 水中制得），滴加时间分别控制在 210min 和 180min，反应温度控制在 63～67℃。滴加结束后，在 63～67℃下保温 30min，使聚合反应完全。保温反应结束后，降温至 50℃以下加入 44.4kg 30%NaOH 水溶液，即制得固含量为 41.8%，重均分子量为 29500 的 PC-2 聚羧酸高性能减水剂。

③ 单体 A、单体 B、单体 C 和单体 D 的总量按质量计为 100%，单体 A 用通式 (1) 表示：

$$CH_2=C{\overset{R_2}{\underset{R_1}{|}}}{\Big(}CH_2{\Big)}_p{\overset{O}{\overset{||}{C}}}_q-O{\Big(}R_3O{\Big)}_n R_4 \tag{1}$$

式（1）中：p 表示亚甲基的个数，为 0～2 的整数；q 为 0 或者 1，当 q 为 0 时，表示单体 A 不存在羰基，为不饱和聚醚；当 q 为 1 时，表示单体 A 为聚醚的不饱和羧酸酯；R_1 表示氢、甲基或者 COOM 基团；R_2 是氢、甲基或者 CH_2COOM 基团，M 表示氢、单价金属、二价金属、氨基或者有机胺基；R_3O 表示 2～8 个碳原子的氧化烯基及其混合物，它们是均聚物或者无规共聚物或者嵌段共聚物；n 表示氧化烯基的平均加成摩尔数，为 1～180 中的任意数；R_4 表示氢或 1～6 个碳原子的烷基或其混合物；PC-2 聚羧酸高性能减水剂中，单体 A 是其中一种或者两种、多种混合使用。

④ 单体 B 用通式（2）表示：

$$R_5-CH=C{\overset{R_6}{|}}-COOH \tag{2}$$

式（2）中，R_5 表示氢、甲基或 COOM 基团，R_6 表示氢、甲基或 CH_2COOM 基团，M 表示氢，单价金属、二价金属、氨基或者有机胺基；当 R_5 表示为 COOM 或 R_6 表示为 CH_2COOM 基团时，在单体 B 的两个 COOM 基团分别连接的碳原子间形成或者不形成一个酸酐基团。在 PC-2 聚羧酸高性能减水剂中，单体 B 是丙烯酸、甲基丙烯酸、丁烯酸、衣康酸、衣康酸酐、马来酸、马来酸酐中的一种或者两种、多种混合使用。

⑤ 单体 C 用通式（3）或通式（4）表示：

$$CH_2=C{\overset{R_7}{|}}{\Big(}CH_2{\Big)}_p{\overset{O}{\overset{||}{C}}}_q-O-CH_2-{\overset{OH}{\overset{|}{C}H}}-CH_2-N{\overset{H}{|}}{\Big(}R_8O{\Big)}_n R_9 \tag{3}$$

$$CH_2=C{\overset{R_7}{|}}{\Big(}CH_2{\Big)}_p{\overset{O}{\overset{||}{C}}}_q-O-CH_2-{\overset{OH}{\overset{|}{C}H}}-CH_2 \diagdown N{\Big(}R_8O{\Big)}_n R_9$$

$$CH_2=C{\overset{R_7}{|}}{\Big(}CH_2{\Big)}_p{\overset{O}{\overset{||}{C}}}_q-O-CH_2-{\overset{OH}{\overset{|}{C}H}}-CH_2 \diagup \tag{4}$$

式（3）、式（4）中，p 表示亚甲基的个数，为 0~2 的整数；q 为 0 或者 1，当 q 为 0 时，表示单体 A 不存在羰基；当 q 为 1 时，表示单体 A 为不饱和羧酸酯；R_7 表示氢或甲基；R_8O 表示 2~8 个碳原子的氧化烯基及其混合物，它们是均聚物或者无规共聚物或者嵌段共聚物；R_9 表示甲基、乙基或丁基；在 PC-2 聚羧酸高性能减水剂中，单体 C 是其中一种或者两种、多种混合使用。

⑥ 单体 D 为带有双键的不饱和单体，包括丙烯酸甲酯、丙烯酸乙酯、丙烯酸丁酯、丙烯酸羟乙酯、丙烯酸羟丙酯、丙烯酸二甲氨基乙酯、丙烯酸二乙胺基乙酯、甲基丙烯酸甲酯、甲基丙烯酸乙酯、甲基丙烯酸羟丙酯、甲基丙烯酸二甲氨基乙酯、甲基丙烯酸二乙胺基乙酯、丙烯腈、烯丙基磺酸钠、甲基烯丙基磺酸钠、对苯乙烯磺酸钠、2-丙烯酰胺-2-甲基丙磺酸及其盐、丙烯酸磺乙酯、甲基丙烯酸磺乙酯、丙烯酰胺、羟甲基丙烯酰胺、醋酸乙烯酯、丙酸乙烯酯、苯乙烯、甲基苯乙烯等。在 PC-2 聚羧酸高性能减水剂中，单体 D 是其中一种或者两种、多种混合使用。

⑦ 所述的链转移剂为异丙醇、巯基乙醇、巯基乙酸、2-巯基丙酸、3-巯基丙酸、十二硫醇中的一种或其混合物，链转移剂的用量为单体总质量的 0.2%~8.0%。

⑧ 所述的引发剂包括热分解引发剂和氧化还原引发剂。热分解引发剂是过硫酸铵、过硫酸钾、过硫酸钠、双氧水和叔丁基过氧化氢中的一种或者几种的混合物；氧化还原引发剂是采用热分解引发剂和还原剂共同组成的，其中热分解引发剂是过硫酸铵、过硫酸钾、过硫酸钠、双氧水和叔丁基过氧化氢中的一种或者几种混合，其中还原剂是亚硫酸氢钠、亚硫酸氢钾、焦亚硫酸钠、吊白块、次磷酸、次磷酸钠、次磷酸钾、亚铁盐和维生素 C 中的一种或者几种混合。加入到反应混合物体系中的热分解引发剂用量为单体总质量的 0.1%~10%，加入到反应混合物体系中的还原剂用量为单体总质量的 0~8.0%。

⑨ 所述的聚羧酸高性能减水剂重均分子量为 10000~100000，分子量太低或太高，聚羧酸聚合物外加剂的性能均劣化。

⑩ 共聚反应的时间与反应温度和所用引发剂的种类有关，反应温度应在 50~100℃之间，反应时间 2.0~12.0h。

⑪ 调节产品 pH 值所用的中和剂为氢氧化钾、氢氧化钙、氨或有机胺的水溶液。

（3）产品技术性能

按照 GB 8076—2008《混凝土外加剂》标准中高性能减水剂测试要求，比较了 PC-2 聚羧酸高性能减水剂实施例和市售 PCE 聚羧酸高性能减水剂的减水率、含气量、坍落度保持能力，试验结果见表 2-31。

表 2-31　PC-2 聚羧酸高性能减水剂性能测试结果

样品名称	固掺量/%	减水率/%	含气量/%	坍落度/mm		扩展度/mm	
				初始	1h 后	初始	1h 后
PC-2	0.20	31.8	3.6	200	175	420	360
PCE	0.20	28.8	5.6	210	120	450	无

由表 2-31 测试结果可见，在相同固体掺量的条件下，PC-2 聚羧酸高性能减水剂具有高减水率和高坍落度保持能力，同时具有较低的引气性能。

（4）施工及使用方法

PC-2 聚羧酸高性能减水剂掺量范围为水泥质量的 0.3%～1.0%，常用掺量为 0.25%～0.8%，可根据与水泥的适应性、气温的变化和混凝土坍落度等要求，在推荐范围内调整确定最佳掺量。PC-2 减水剂溶液可按计量直接掺入混凝土搅拌机中使用。

配方 18　PC-3 聚羧酸高性能减水剂

（1）产品特点与用途

PC-3 聚羧酸高性能减水剂是由 A、B、C、D 四种单体在水溶剂体系内，引发剂与链转移剂存在条件下进行共聚反应后，由溶液调节 pH 值制得。PC-3 聚羧酸高性能减水剂的特点是：对含泥量超标、颗粒细度不均匀的砂石在掺量较低的情况下仍能使混凝土保持良好性能，敏感度大幅下降，在掺量较高时缓凝性却不明显；能保证混凝土的流动性能好、泵送性能佳，大大改善混凝土施工性能；提升早期强度的效果非常明显；实用性强、应用广泛，较之普通产品可显著加快施工进度、降低工程造价、节省资金成本。

PC-3 聚羧酸高性能减水剂实用性强，可广泛用于普通混凝土、泵送混凝土、超流态自密实混凝土。

（2）配方

① 配合比　见表 2-32。

表 2-32　PC-3 聚羧酸高性能减水剂配合比

原料名称	质量份	原料名称	质量份
甲基烯基聚氧乙烯醚	34.67	过硫酸铵	0.42
甲基丙烯酸	3.44	巯基乙酸	0.18
甲基丙烯酸甲酯	0.71	去离子水	58.08
甲基丙烯磺酸钠	0.95	氢氧化钠	1.55

② 配制方法

a. PC-3 聚羧酸高性能减水剂的配制方法：以过硫酸铵为引发剂，巯基乙酸为链转移剂、去离子水为溶剂，使甲基烯基聚氧乙烯醚、甲基丙烯酸、甲基丙烯酸甲酯、甲基丙烯磺酸钠发生聚合反应。

b. 实施例　PC-3 聚羧酸高性能减水剂具体配制工艺如下：

第一步，将质量分数为 58.08% 的去离子水的 30%～40% 部分倒入反应釜中，然后加入质量分数为 34.67% 的甲基烯基聚氧乙烯醚，温度控制在 60℃±5℃ 范围内；

第二步，加入质量分数为 0.42% 的引发剂，搅拌 5～15min，然后用剩余部分的去离子水溶解质量分数为 3.44% 的甲基丙烯酸、质量分数为 0.71% 的甲基丙烯酸甲酯、质量分数为 0.95% 的甲基丙烯磺酸钠、质量分数为 0.18% 的巯基乙酸；

第三步，向甲基烯基聚氧乙烯醚中滴加第二步获得的溶液，以发生聚合反应，控制滴速，使之在 3h±0.5h 内滴加完，控制反应温度为 60℃±5℃ 范围内，反应 2h±0.5h；

第四步，待反应完毕后，降温至 40℃±5℃ 条件下，加入质量分数为 1.55% 的氢氧化钠或氢氧化钾溶液将 pH 值调至 7.0~8.5。

（3）产品技术性能

① 对含泥量超标、颗粒细度不均的砂石在掺量较低的情况下仍能使混凝土保持良好性能，敏感度大幅下降，在掺量较高时缓凝性却不明显。

② 能保证混凝土的流动性能好、泵送性能佳、大大改善混凝土施工性能。

③ PC-3 聚羧酸高性能减水剂与早强剂复配，提升早期强度效果非常明显，尤其在低温工况时仍能保持其良好的工作性能，不像单独靠加入早强剂提高早强性的产品，遇到低温早强性能丧失较快。

④ 实用性强，可广泛用于普通混凝土、泵送混凝土、超流态自密实混凝土中，较之普通产品可显著加快施工进度、节省资金成本。

（4）施工及使用方法

PC-3 聚羧酸高性能减水剂掺量范围为水泥质量的 0.5%~3%，常用掺量为 0.5%~2%。

在推荐范围内调整确定最佳掺量。PC-3 高性能减水剂溶液按计量直接掺入混凝土搅拌机中使用。

配方 19　ASP-QN 氨基磺酸盐高性能减水剂

（1）产品特点与用途

ASP-QN 氨基磺酸盐高性能减水剂是用对氨基苯磺酸、氢氧化钠、苯酚、甲醛为主要原料，在一定温度条件下经反应缩合而成的一种外加剂。氨基磺酸盐高性能减水剂是继萘系、三聚氰胺系高效减水剂之后，新近开发的新型高性能减水剂，它克服了萘系、三聚氰胺系高效减水剂在低水灰比下流动性差、坍落度损失大等弊病。ASP-QN 高性能减水剂性能优异，对各种水泥均有较好的适应性，减水率高（大于 25%），能够大幅度改善混凝土的流动性、施工性，提高混凝土抗压强度和耐久性，坍落度经时损失小，控制坍落度损失效果十分明显，混凝土坍落度在 2h 内损失率小于 10%，并且对混凝土内部钢筋无锈蚀作用。

ASP-QN 高性能减水剂适用于商品预拌混凝土、高强高性能混凝土、大体积混凝土、钢筋混凝土、轻骨料混凝土、桥梁、建筑和水工结构构筑物。

（2）配方

① 配合比　见表 2-33。

表 2-33　ASP-QN 氨基磺酸盐高性能减水剂配合比

原料名称	质量份	原料名称	质量份
对氨基苯磺酸	10	甲醛	55
氢氧化钠	12	水	550
苯酚	19		

② 配制方法

a. 先将水加入反应釜中，加热至 45~60℃，然后依次向反应釜中加入对氨基苯磺酸、氢氧化钠、苯酚，搅拌使其全部溶解。

b. 向 a 步所得物料所在反应釜中滴加甲醛，滴加时间控制在 40~60min，然后升温至 60~120℃，反应时间为 2~4.5h，降温冷却，即可制得浓度为 25%~50%、平均分子量为 4000~9500、外观为红棕色液体的高性能减水剂。

③ 原料配比范围

ASP-QN 高性能减水剂各组分质量份配比范围是：对氨基苯磺酸 10；氢氧化钠 5~18，较佳为 12~16；苯酚 12~21，较佳为 15~19；甲醛 20~60，较佳为 30~55；水 300~800，较佳为 350~600。

（3）各组分的作用

对氨基苯磺酸是合成目标长分子链表面活性剂的主体部分之一，它本身带有两个重要活性基团，即—NH_2 和—SO_3H。氨基邻位的两个氢原子很活泼，在碱性环境中，这两个活化点很容易与甲醛结合，并通过甲醛的连接形成线性结构的聚合物。

氢氧化钠既能调节 pH，又与氨基苯磺酸发生中和反应形成对氨基苯磺酸钠，另外还对聚合反应起到重要的催化作用，从而使反应顺利进行。

苯酚是目标合成产物的长分子链中的另一个重要组成部分，苯酚羟基邻位的两个氢同样十分活泼，苯酚和对氨基苯磺酸就是由甲醛通过置换出此处的氢而互相聚合的。

甲醛分子上的羰基具有双官能团的性质，能将两个苯环连接起来，是聚合反应工艺中必不可少的组成部分。

水为溶剂。

（4）生产控制要领

① 氨基苯磺酸与苯酚的配合比要控制好。

② 甲醛用量在三元共聚反应中起桥梁连接作用，甲醛的加入量对产品分散性能有重要影响，用量不宜过大。

③ 反应体系的酸碱度 pH 值应控制在 7.5~8.5 为最佳。

④ 反应温度应控制在 75℃左右，产品对水泥浆体的初始流动性好及其经时损失小。

⑤ 反应时间应控制在 3~5h。

（5）产品技术性能

本品和萘系减水剂对混凝土的减水增强效果见表 2-34。

表 2-34　本品和萘系减水剂对混凝土的减水增强效果

混凝土种类	减水率	抗压强度/MPa(抗压强度比/%)		
		3d	7d	28d
基准混凝土		9.2(100)	17.1(100)	28.7(100)
掺萘系减水剂混凝土	16.9%	12.1(131)	21.7(127)	33.3(116)
掺本品混凝土	26.8%	13.6(148)	24.3(142)	37.2(130)

（6）施工及使用方法

本品掺量范围为水泥质量的 0.4%~1.2%，适宜掺量以 0.6%~1.0% 效果为佳，减水剂溶液可与拌合水一起掺加，搅拌时间不得少于 2min。

配方 20　JP-C 引气型聚羧酸系高性能减水剂

（1）产品特点与用途

JP-C 引气型聚羧酸系高性能减水剂是在水溶液介质中，以甲基丙烯酸或丙烯酸为主链，以不饱和改性聚醚大单体为侧链，引入新型引气性不饱和小单体，在 50℃±2℃ 条件下保温反应 4~5h，共聚制得分子量为 60000~80000 的具有目标分子结构、分子量分布、官能团的引气型聚羧酸系高性能减水剂。该减水剂减水率高（折固掺量为 0.2% 时，减水率可达到 30%，混凝土含气量可达到 5%~7%，引气性能优异，大幅度提高混凝土的耐久性能。

JP-C 引气型聚羧酸系高性能减水剂适用于配制现浇、预制、塑性和大流动高性能混凝土。

（2）配方（实施例）

① 配方组成

a. 0.25mol 单体 A 为聚合度 30~60 的甲基烯基聚氧乙烯；

b. 0.70mol 单体 B 为甲基丙烯酸；

c. 0.18mol 单体 C 为丙烯酰胺；

d. 0.05mol 单体 D 为乙酸乙酯；

e. 引发剂为过硫酸钠；

f. 链转移剂为巯基乙酸与亚硫酸氢钠按 1∶2 的比例混合的混合物。

② 配制步骤

a. 将相当于两倍单体 C 摩尔量的单体 B、单体 C 和单体 D 溶于去离子水中，搅拌均匀，制得小单体溶液，搅拌均匀待用；

b. 将链转移剂溶于去离子水中，搅拌均匀，制得链转移剂溶液待用，链转移剂的用量按质量计为反应总单体质量的 0.1%；

c. 将单体 A 与去离子水投入反应釜中加热溶解，待单体 A 完全溶解后，加入余量的单体 B 与引发剂，引发剂用量按质量计为反应总单体质量的 1.2%，继续搅拌升温；待温度升至 50℃±2℃，开始同步匀速滴加小单体溶液与链转移剂溶液，3h 滴完，然后继续保温反应 1.5h，反应结束后降温至 40℃ 以下，加入 40%氢氧化钠溶液调节体系 pH 值至 6~8 之间，制得分子量为 60000~80000，固含量为 30%的产品。

d. 三个步骤中去离子水总用量为单体总质量的 2.33 倍。

（3）产品技术性能

按《混凝土外加剂》（GB 8076—2008）对配方实施例产品（固含量 30%）与现有产品重庆健杰科技有限公司生产的 JJPC-C 型聚羧酸系高性能减水剂（固含量 40%）进行性能对比试验，以样品 1 表示。

① 减水率对比试验　混凝土配合比与减水率试验结果见表 2-35。

表 2-35　减水率对比试验结果

测试项目	配合比						
	水泥 /(kg/m³)	砂 /(kg/m³)	碎石/(kg/m³)		水/(kg/m³)	外加剂 /(kg/m³)	减水率/%
			5~10mm	10~20mm			
基准	360	815	398	597	230	—	—
样品 1	360	844	412	619	165	1.8	28.3
实施例	360	844	412	619	158	2.4	31.3

② 含气量试验　混凝土配合比与含气量试验结果见表 2-36。

表 2-36　含气量试验结果

测试项目	配合比						
	水泥 /(kg/m³)	砂 /(kg/m³)	碎石/(kg/m³)		水/(kg/m³)	外加剂 /(kg/m³)	含气量/%
			5~10mm	10~20mm			
基准	360	815	398	597	230	—	1.7%
样品 1	360	844	412	619	165	1.8	2.8%
实施例	360	844	412	619	158	2.4	5.8%

③ 相对耐久性能试验　混凝土配合比与相对耐久性能试验结果见表 2-37。

表 2-37　相对耐久性能试验结果

测试项目	配合比						
	水泥 /(kg/m³)	砂 /(kg/m³)	碎石/(kg/m³)		水/(kg/m³)	外加剂 /(kg/m³)	相对耐久性(200 次)
			5~10mm	10~20mm			
基准	360	815	398	597	230	—	冻融试件破坏
样品 1	360	844	412	619	165	1.8	85%
实施例	360	844	412	619	158	2.4	93%

经性能对比试验可见，JP-C 引气型聚羧酸系高性能减水剂产品具有比现有产品更高的减水率，折固掺量为 0.2% 时，减水率超过 30%，具有更优异的引气性能；在未复配其他引气剂的前提下，折固掺量为 0.2% 时，混凝土含气量可达到 5%~7%；混凝土耐久性能得到大幅度提高，200 次冻融循环后，相对耐久性指标提高了 8%。

（4）施工及使用方法

本品可以水溶液形式加入到混凝土砂浆拌合物中，其掺量为水泥质量的 0.2%~0.7%，最佳为 0.3%~0.5%。

配方 21　SP 高性能混凝土泵送剂

（1）产品特点与用途

SP 高性能混凝土泵送剂为棕褐色液体，浓度 20%~40%，密度 1.08g/m³~1.28g/m³，主要成分由 β-萘磺酸甲醛缩合物、聚羧酸盐高效减水剂、缓凝剂、引气剂和保塑剂复合组成。SP 高性能混凝土泵送剂作为控制混凝土坍落度损失型高性能混凝土泵送剂，可有效改善混凝土的流动性和施工性，大幅度降低混凝土的坍落度损失，减水率达 25% 以上，坍落度增加值为 12~18cm 以上，保留值 30min 为 12cm、60min 大于 10cm；可用来配制 C20~C100 各种强度等级的混凝土。所配制的混凝土坍落度在 2~4h 内基本不损失，含气量 2%~3% 左右，龄期 3~28d 的强度提高 15%~30%，抗渗性和抗冻性显著提高，混凝土强度和耐久性有较大幅度的增加。SP 高性能混凝土泵送剂在混凝土中的适宜掺量为水泥（包括矿物掺合料）质量的 2%~5%，具体掺量应根据使用混凝土流动性的增加值和混凝土坍落度的保持性效果，通过试验确定。SP 高性能混凝土泵送剂主要适用于商品预拌混凝土、大体积混凝土、钢筋混凝土、轻骨料混凝土、桥梁、建筑、水工和路面等构筑物。

（2）配方　见表 2-38。

表 2-38　SP 高性能混凝土泵送剂配合比

原料名称	质量份	原料名称	质量份
萘磺酸甲醛缩合物高效减水剂	32	柠檬酸	2.2
聚羧酸磺酸盐高效减水剂	7.5	葡萄糖酸钠	2
十二烷基苯磺酸钠	1.3	水	55

（3）配制方法

先将水加入带有搅拌器的反应釜中，再将萘磺酸甲醛缩合物高效减水剂、聚羧酸磺酸盐高效减水剂、引气剂十二烷基苯磺酸钠、缓凝剂柠檬酸、保塑剂葡萄糖酸钠依次加入反应釜中，搅拌、溶解 2~6h，搅拌均匀出料包装，即得固含量 40% 棕褐色液体高性能混凝土泵送剂。

（4）施工及使用方法

本产品掺量范围为水泥质量的 2%~5%，常用掺量 2%~3%，可根据与水泥的适应性、气温的变化和混凝土坍落度要求等，在推荐范围内调整确定最佳掺量。SP 为棕褐色液体，可与拌合水同时加入；如有条件，建议后于拌合水加入，效果更佳。

配方22　高性能混凝土聚羧酸系液体防冻剂

（1）产品特点与用途

本品由聚羧酸高性能减水剂、有机醇胺、甲酸钠、低碳醇、引气组分、消泡组分、水组成。高性能水泥混凝土聚羧酸系液体防冻剂与现有的防冻剂相比，具有较高的减水率以及较好的工作性能，负温下强度增长快、在水泥中的掺量小、无氯、碱含量低、混凝土早期强度和后期强度高等特点。在配制时，引入了消泡剂，清除了聚羧酸高性能减水剂表面的大气泡。同时加入引气剂，可以将混凝土的含气量调整到合适的量，增加混凝土的强度并使混凝土更加美观。本品在混凝土中作为防冻剂使用具有极高的环保应用价值，可防止碱-骨料反应，为发展绿色混凝土和高性能混凝土、高耐久性混凝土冬季施工的重要技术应用。

本品适用于北方冬季-20～-5℃范围内施工。

（2）配方

① 配合比　见表2-39。

表2-39　高性能混凝土聚羧酸系液体防冻剂配合比

原料名称	质量份	原料名称	质量份
聚羧酸高性能减水剂	180	十二烷基硫酸钠	3
三乙醇胺	5	聚醚改性聚硅氧烷消泡剂	1
甲酸钠	6	水	788
乙二醇	50		

上表中，聚羧酸高性能减水剂配合比如下：

原料名称	质量份	原料名称	质量份
马来酸酐	98	过氧化苯甲酰	5
1,2-二氯乙烷	800mL	巯基乙醇	2
苯乙烯	104	聚乙二醇单甲醚550	与磺化苯乙烯马来酸酐共聚物按摩尔比1∶1混合

② 配制方法

a. 合成聚羧酸高性能减水剂：称取98g马来酸酐加入800mL 1,2-二氯乙烷中，加热至75℃溶解，加入苯乙烯104g、过氧化苯甲酰5g、巯基乙醇2g混合于分液漏斗中，滴入三口瓶。滴完后在80℃反应2h，升温至95℃，再反应2h。降温后，加入石油醚，抽滤，烘干制得苯乙烯马来酸酐共聚物，马来酸酐含量为摩尔分数44%。将合成的共聚物加入1,2-二氯乙烷中搅拌溶解，从发烟硫酸中新蒸出的SO_3稀释在1,2-二氯乙烷中再滴入反应液中，在15min内滴加完毕，继续在室温下反应

2h。产物用 1，2-二氯乙烷洗涤，再用无水乙醚洗涤，于真空烘箱 50℃ 干燥得磺化苯乙烯马来酸酐共聚物。将聚乙二醇单甲醚 550 与磺化苯乙烯马来酸酐共聚物按摩尔比 1∶1 混合，在 100℃ 下反应 8h，制得含有聚氧乙烯醚侧链的聚羧酸共聚物高性能减水剂。

b. 将上述方法合成的聚羧酸减水剂固含量调整为 40%。称取 180g 聚羧酸高性能减水剂加入到玻璃容器中，同时加入水 788g，在搅拌状态下分别依次加入三乙醇胺 5g、甲酸钠 6g、乙二醇 50g、十二烷基硫酸钠 3g、聚醚改性聚硅氧烷消泡剂 1g，在加入后一组分时前一组分要充分溶解均匀，最后得到均匀液体即为高性能水泥混凝土聚羧酸系防冻剂。

（3）产品技术性能　见表 2-40。

表 2-40　高性能混凝土聚羧酸系液体防冻剂性能指标

检验项目		性能指标（一等品/合格品）	−10℃实测值	−15℃实测值
泌水率/%	≤	80/100	21	26
含气量/%	≥	2.5/2.0	2.7~3.4	2.6~3.3
R_{28}/%	≥	100/95	106.12~128.89	107.10~122.19

掺加本品配制防冻剂的混凝土的负温养护（−10℃ 和−15℃）强度 R_7 以及负温转常温养护各龄期强度除了 R_7 超过合格品以外，其余的指标全部符合规范规定的一等品的要求。

（4）施工方法

本品掺量为水泥用量的 2%~2.5%，使用时可先将本剂加入水中搅拌，也可在混凝土原材料搅拌时加入。

配方 23　GJ-ZM 酯醚混合型超早强聚羧酸高性能减水剂

（1）产品特点与用途

GJ-ZM 酯醚混合型超早强聚羧酸高性能减水剂是由质量分数为 30%~60% 的酯醚混合型早强聚羧酸高性能减水剂、0.1%~5% 的复合无机盐类早强剂、0.1%~0.6% 的聚氧乙烯类消泡剂、10%~40% 的复合硅酸盐、1%~15% 的复合有机类加速固化剂组成。GJ-ZM 酯醚混合型超早强聚羧酸高性能减水剂掺入加速固化剂组分后混凝土施工的和易性和对水泥的适应性得到良好调整，添加增强化学黏结力的氟硅酸盐及硅酸盐的加速固化剂后，加快和增强混凝土黏结力，形成混凝土早强的叠加作用，使超早强性能大大提升。使用普通硅酸盐水泥 PO 42.5 时，8h 抗压强度均≥30MPa。

GJ-ZM 酯醚混合型超早强聚羧酸高性能减水剂适用于配制能满足在 8h 之内，使新浇注的混凝土的抗压强度达到 30MPa 以上，适于超早期快速提升强度预期效果的高性能混凝土快速施工。

（2）配方

① 配合比　见表 2-41。

表 2-41　GJ-ZM 酯醚混合型超早强聚羧酸高性能减水剂配合比

原料名称	质量份
GJ-ZM25 酯醚混合型聚羧酸高性能减水剂	30~60
复合无机盐类早强剂	0.1~5
聚氧乙烯类消泡剂	0.1~6
复合氟硅酸盐	10~40
复合有机类加速固化剂	1~15

② 配制方法

a. 按配比将酯醚混合型聚羧酸高性能减水剂加入复合无机盐类早强剂的水溶液中，搅拌。

b. 按配比在上述混合水溶液中加入复合有机类加速固化剂，搅拌。

c. 需现场快速施工时，加入复合氟硅酸盐到步骤 a 制得的水溶液后再加入聚氧乙烯类消泡剂；需预配超早强高性能减水剂时，将氟硅酸盐组分在施工现场混凝土搅拌时计量加入。

③ 配方范围

a. 上述的复合无机盐类早强剂为硫酸钠、硫代硫酸钠、硫氰酸钠、硫酸钾、硝酸钙或亚硝酸钠等第一组无机盐与无水氯化钙、氯化铁或氯化铝等第二组无机盐的任意组合。

b. 上述的复合氟硅酸盐是指氟硅酸钠、氟硅酸锌或氟硅酸镁等第一组氟硅酸盐与硅酸钠或氟化钠等第二组氟硅酸盐的任意组合。

c. 上述复合有机类加速固化剂是指甲酰胺、二甲基甲酰胺、二甲基苯胺或二乙烯三胺等第一组固化剂与乙二胺、三乙酸甘油酯、过氧化甲乙酮或过氧化苯甲酰等第二组固化剂的任意组合。

（3）产品技术性能

① 用酯醚混合型聚羧酸高性能减水剂实现了酯类聚羧酸高性能减水剂的高减水率和高流动性及醚类聚羧酸高性能减水剂的良好适应性和保坍性，在性能上能够互补，也使加入加速固化剂组分后混凝土施工的和易性和适应性仍得到良好调整，保证混凝土的可施工性。

② 在聚羧酸高性能减水剂中添加增强化学黏结力的氟硅酸盐，及硅酸盐的加速固化剂，使混凝土的水化反应和化学反应同时进行，加快和增强混凝土黏结力，形成混凝土早强的叠加作用，使超早强性能大大提升。

③ 本配方中所采用的无机物和有机化合物均采用两种或两种以上复合使用，性能上也形成叠加作用，使它的性能得到充分的提高。

（4）实施例

① GJ-ZM 酯醚混合型超早强聚羧酸高性能减水剂配方

a. 酯醚混合型聚羧酸高性能减水剂 GJ-ZM25（上海固佳化工科技有限公司产）300g。

b. 硫氰酸钠 4.5g，硫代硫酸钠 4g。

c. 甲酰胺 4.6g，乙二胺 6.5g。

d. 氟硅酸钠 200g，氟硅酸镁 15g。

e. 聚氧乙烯类消泡剂 GJ-SP（上海固佳化工科技有限公司产）1.8g。

② 水泥及混凝土级配

a. 水泥为普通硅酸盐水泥 PO 42.5，混凝土级配 C50。

C	S	G	W	GJ-JHPCC1, 1.2%	坍落度
480	663	1082	138	5.28	≥12cm

b. 养护条件：前 2h，自然养护；后 6h，60℃湿养护。

c. 检测结果：混凝土搅拌出机后，8h 抗压强度 30.2 MPa。

（5）施工及使用方法

① 本品掺量范围为水泥质量的 1.5%～2%，可根据与水泥的适应性、气温的变化和混凝土坍落度等要求在推荐范围内调整确定最佳掺量。

② 按计量直接掺入混凝土搅拌机中使用。

③ 在使用本产品时，应按混凝土配合比事先检验与水泥的适应性。

配方 24　改性聚羧酸高性能减水剂

（1）产品特点与用途

改性聚羧酸高性能减水剂是由甲基烯丙醇聚氧乙烯醚、异戊烯醇聚氧乙烯醚、丙烯酸、甲基丙烯酸、马来酸酐、双氧水、过硫酸铵在水溶液中聚合而成。改性聚羧酸高性能减水剂无毒环保、原料便宜易得、反应条件容易控制、操作简便、便于贮存运输，因而有利于推广应用；减水率高、生产成本低、性价比高，有利于保证混凝土的体积稳定性以及耐久性，特别适用于配制以耐久性为核心特征的高性能混凝土，还特别能满足配制建设核电站所需的混凝土的要求。

（2）配方

① 配合比　见表 2-42。

表 2-42　改性聚羧酸高性能减水剂配合比

原料名称	质量份
甲基烯丙醇聚氧乙烯醚(分子量 150～6000)	1～3
异戊烯醇聚氧乙烯醚(分子量 200～6000)	1
丙烯酸	0.4～0.6
甲基丙烯酸	0.5

续表

原料名称	质量份
马来酸酐	0.1
双氧水	0.002
过硫酸铵	0.001~0.002
水	5~6

② 配制方法（实施例）

a. 将所需要量的水、甲基烯丙醇聚氧乙烯醚、异戊烯醇聚氧乙烯醚加入反应釜中，搅拌使之溶解，调节温度到 48~52℃；

b. 在步骤 a 后的反应釜中依次加入所需要量的双氧水和过硫酸铵，使其溶解搅拌混匀，保持温度在 48~52℃时缓慢滴加所需要量的丙烯酸、甲基丙烯酸和马来酸酐，控制滴加时间在 2.8~3.2h，控制温度在 58~62℃；

c. b 步骤后在 58~62℃下保温 0.8~1.2h，然后降温到 43~47℃再调节 pH 值至 6~7.5，降到室温即可制得改性聚羧酸高性能减水剂。

（3）产品技术性能

对配制方法实施例中所制得改性聚羧酸高性能减水剂依据国家标准 GB 8076—2008 进行测试，其测试结果见表 2-43、表 2-44。

① 净浆流动度对比试验结果见表 2-43。

表 2-43　净浆流动度对比试验结果

测试项目	改性聚羧酸高性能减水剂	国内某品牌的现有公知的聚羧酸高性能减水剂	国外某品牌的现有公知的聚羧酸系高性能减水剂
初始流动度/mm	280~300	250	275
2h 流动度/mm	290~310	220	250

② 掺入混凝土并对混凝土的性能检测结果见表 2-44。

表 2-44　掺改性聚羧酸高性能减水剂混凝土性能检测结果

检测项目		改性聚羧酸高性能减水剂	现有公知的聚羧酸系高性能减水剂	萘系高效减水剂
减水率/%		38	30	18.6
含气量/%		4.5	5.2	2.5
泌水率比/%		0	62	78.3
抗压强度比/%	1d	211	175	159
	3d	200	160	143
	7d	185	148	133
	28d	165	136	128

续表

检测项目		改性聚羧酸高性能减水剂	现有公知的聚羧酸系高性能减水剂	萘系高效减水剂
凝结时间差/min	初凝	+52	+98	80
	终凝	+75	+93	65
坍落度损失	1h 经时变化量/mm	−10	20	38
	2h 经时变化量/mm	10	40	90
收缩率比/%		103	87	76

（4）施工及使用方法

改性聚羧酸高性能减水剂的掺量范围为水泥质量的 0.4%~2%，减水剂溶液可与拌合水一起加入，施工可采用同掺法、后掺法或滞水法。采用后掺法的拌合时间不得少于 30min。

配方 25　缓释型聚羧酸系高性能减水剂

（1）产品特点与用途

缓释型聚羧酸系高性能减水剂减水率高，折固掺量为 0.2% 时，减水率可达到 35%；保坍性能优异，混凝土坍落度与扩展度 3h 内无损失。且与混凝土原材料间具有广泛的适应性。

缓释型聚羧酸系高性能减水剂适宜配制高强、超高强、高流动性及自密实混凝土。

（2）配方

① 缓释型聚羧酸系高性能减水剂，其配方组成包括：

a. 0.13mol 单体 A 为聚合度 30~60 的甲基烯基聚氧乙烯或烯丙基聚氧乙烯醚或聚氧丙烯醚；

b. 0.32mol 单体 B 为丙烯酸或甲基丙烯酸；

c. 0.01mol 单体 C 为甲基丙烯磺酸钠；

d. 0.12mol 单体 D 为丙烯酰胺或 2-丙烯酰胺基-甲基丙磺酸；

e. 0.05mol 单体 E 为乙酸乙酯或苯乙烯；

f. 所述的引发剂为过硫酸钠、过硫酸钾、双氧水中的一种或几种混合；

g. 所述的链转移剂为巯基乙酸、2-巯基丙酸、3-巯基丙酸、巯基乙醇、亚硫酸氢钠中的一种或几种混合；

h. 所述的液碱为氢氧化钠、氢氧化钾、乙二胺或三乙醇胺的水溶液，氢氧化钠溶液浓度为 40%；

i. 所述的去离子水总用量为单体总质量的 1.5 倍，引发剂用量按质量计为反应总单体质量的 0.3%~3%，链转移剂的用量按质量计为反应总单体质量的 0.02%~0.5%。

② 配制方法　以去离子水为反应介质，与引发剂、链转移剂，在 60℃±2℃ 条

件下保温反应 4~6h，共聚制得分子量为 50000~120000 的聚合物，然后降温到 40℃以下，加入液碱调节体系 pH 值至 6~8 即制得成品浓度在 40%左右的缓释型聚羧酸系高性能减水剂。

③ 实施例

a. 0. 13mol 单体 A 为聚合度 30~60 的甲基烯基聚氧乙烯；

b. 0. 32mol 单体 B 为丙烯酸；

c. 0. 01mol 单体 C 为甲基丙烯磺酸钠；

d. 0. 12mol 单体 D 为丙烯酰胺；

e. 0. 05mol 单体 E 为乙酸乙酯；

f. 引发剂为硫酸钠、过硫酸钾 1：1 的混合物；

g. 链转移剂为巯基乙酸；

h. 制备步骤：

（a）将单体 C、单体 D、单体 E、与单体 D 等摩尔量的单体 B 溶于去离子水中，搅拌均匀，制得小单体溶液待用；

（b）将链转移剂溶于去离子水中，搅拌均匀，制得链转移剂溶液待用；链转移剂的用量按质量计为反应总单体质量的 0.05%；

（c）将单体 A 与去离子水投入反应釜中加热溶解，待单体 A 完全溶解后，加入余量的单体 B 与引发剂，引发剂用量按质量计为反应总单体质量的 0.5%；继续搅拌升温，待温度升至 60℃±2℃，开始同步匀速滴加小单体溶液与链转移剂溶液，3h滴完，然后继续保温反应 2h；反应结束后降温至 40℃以下，加入浓度为 40%的氢氧化钠溶液调节体系 pH 值至 6~8，出料，制得分子量为 80000~100000，固含量 40%的产品。

i. 三个步骤中去离子水总用量为单体总质量的 1.5 倍。

（3）产品技术性能

按《混凝土外加剂》（GB 8076—2008）将实施例产品（含固量 40%）与现有产品重庆健杰科技有限公司生产的 JJPC-C 型聚羧酸系高性能减水剂母液（固含量40%）进行性能对比试验，结果如下：

① 减水率对比试验　混凝土配合比及减水率试验结果见表 2-45。

表 2-45　减水率对比试验结果

测试项目	配合比						减水率/%
	水泥/(kg/m³)	砂/(kg/m³)	碎石/(kg/m³)		水/(kg/m³)	外加剂/(kg/m³)	
			5~10mm	10~20mm			
基准	360	815	398	597	230	—	—
样品	360	844	412	619	165	1.8	28.3
实施例	360	844	412	619	145	1.8	37.0

② 保坍性能试验　混凝土配合比及工作性能试验结果见表 2-46、表 2-47。

表 2-46　混凝土配合比

| 测试项目 | 水泥 /(kg/m³) | 砂 /(kg/m³) | 碎石/(kg/m³) | | 水/(kg/m³) | 外加剂 /(kg/m³) |
			5~10mm	10~20mm		
样品	360	780	330	770	160	1.8
实施例	360	780	330	770	155	1.8

表 2-47　混凝土工作性能试验结果

| 测试项目 | 坍落度/mm | | | | 扩展度/(mm×mm) | | | |
	初始	1h	2h	3h	初始	1h	2h	3h
样品	225	215	190	150	560×550	480×470	420×420	—
实施例	220	230	230	220	550×550	580×570	620×610	580×560

试验可见，实施例的产品具有比现有产品更高的减水率，折固掺量为 0.2% 时，减水率超过 35%；具有更优异的保坍性能；在未复配其他缓凝剂的前提下，折固掺量为 0.2% 时，混凝土坍落度与扩展度 3h 内无损失。

（4）施工及使用方法

本品的掺量范围为水泥质量的 0.2%~1.0%，常用掺量为 0.8%。减水剂溶液可与拌合水一起加入。搅拌过程中，减水剂溶液可略滞后于拌合水 1~2min 加入，搅拌运输车运送的商品混凝土可采用减水剂后掺法。

配方 26　超高效聚羧酸系减水剂

（1）产品特点与用途

超高效聚羧酸系减水剂是以甲氧基聚乙二醇（$n=20~45$）和丙烯酸等为原料，进行酯化大分子单体的合成，然后将丙烯酸、酯化大分子单体、丙烯酰胺、烯丙基磺酸钠等，在引发剂过硫酸铵的作用下，进行共聚反应。本品具有以下特点：① 具有更高的减水效果，减水率最高可达 48%；② 制备过程无需通入氮气，合成工艺更加简单，产品成本更低；③ 大分子单体制备中，酯化率相对较高，可提高原料利用率，降低生产成本，并进一步提高减水剂的各项性能；④ 反应体系中不含有氯离子，对建筑材料无腐蚀作用；⑤ 添加入混凝土中，无泌水泌浆现象，可单独使用，亦可与其他类型减水剂复配使用。

超高效聚羧酸系减水剂具有减水率高、保坍性能好、掺量低、绿色环保无污染、缓凝时间短等优异性能，适宜配制高强、超高强、高流动性及自密实混凝土。

（2）配方

① 配合比　见表 2-48。

表 2-48　超高效聚羧酸系减水剂配合比

原料名称	质量份		
	1#配方	2#配方	3#配方
MPEGAA	30.81	30.1	30.81
丙烯酸	27	54	108
引发剂过硫酸铵	2.19	2.46	3.00
烯丙基磺酸钠	108	108	108
丙烯酰胺	53.25	53.25	53.25
蒸馏水	适量	适量	适量

上表中，酯化大分子单体 MPEGAA 的配合比为：

原料名称	质量份		
	1#配方	2#配方	3#配方
甲氧基聚乙二醇(2000)	20	20	20
环己烷	8.58	8.72	8.72
催化剂对甲苯磺酸	0.96	0.98	0.98
阻聚剂对苯二酚	0.0086	0.0108	0.0108
丙烯酸	1.44	1.80	1.80

超高效聚羧酸系减水剂结构式为：

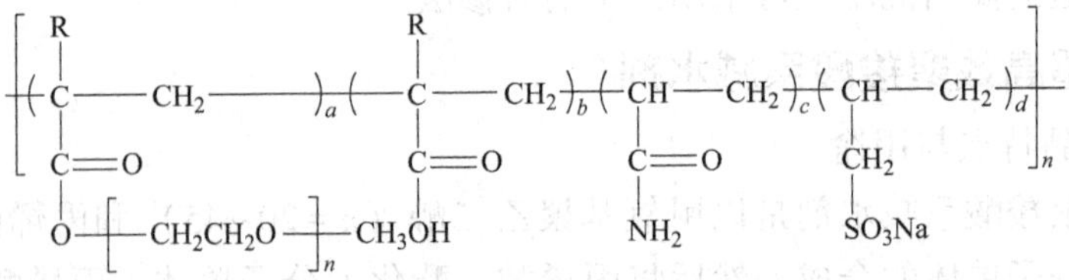

其中 R 为 CH_3 或 H；a、b、c、d 为共聚物的重复单元数，其中 $a=10\sim80$，$b=20\sim400$，$c=40\sim100$，$d=30\sim150$。

② 配制方法

a. 制备大分子单体 A　将聚合度 $n=20\sim45$ 的甲氧基聚乙二醇和带水剂环己烷、催化剂对甲苯磺酸、阻聚剂对苯二酚加入到反应釜中，加热至熔融状态后加入丙烯酸，搅拌下升温至 $100\sim130℃$，恒温反应 $5\sim8h$；然后用正己烷作沉淀剂，将产物进行冰浴提纯，随后送入 $30℃$ 真空干燥箱中干燥 24h，即得大分子单体 A。反应物用量的关系为甲氧基聚乙二醇与丙烯酸的摩尔比为 1：(2~3.5)，催化剂对甲苯磺酸用量为丙烯酸和甲氧基聚乙二醇总质量的 1.5%~5.5%，带水剂环己烷用量为丙烯酸和甲氧基聚乙二醇总质量的 10%~50%，阻聚剂对苯二酚用量为丙烯酸质量的 0.2%~0.8%。

b. 将大分子单体 A 和丙烯酸配制成 40%（质量分数）水溶液 B，将引发剂过硫酸铵配制成 5%~15% 的水溶液 C，将烯丙基磺酸钠和丙烯酰胺的混合物配制成 30%~40% 的水溶液 D；将水溶液 B 和水溶液 C 滴加入水溶液 D 中，滴加时间控制在 1~2h，滴加结束后，将体系温度升至 75~85℃，继续反应 2h；待产物冷却，用 25% NaOH 调节体系 pH 值至 6~7，所得产物即为聚羧酸盐减水剂。反应物用量的关系为丙烯酸：丙烯酰胺：烯丙基磺酸钠：大分子单体 A 的物质的量比为（0.5~2）：（0.5~2）：（0.5~2）：（0.05~0.04），引发剂过硫酸铵为以上四种反应物总质量的 0.5%~1.5%。

③ 配方实例

a. 将 20g MPEG（2000）、8.58g 环己烷、0.96g 催化剂对甲苯磺酸、0.0086g 阻聚剂对苯二酚加入到带分水器的四口烧瓶中，加热至 80℃ 后，加入 1.44g 丙烯酸，升温至 130℃ 反应 8h；反应结束后，将产物倒入盛有正己烷的小烧杯，在冰水浴下沉淀，随后置于 30℃ 的真空干燥箱中 24h，制得酯化大单体甲氧基聚乙二醇丙烯酸酯（MPEGAA）。

b. 取 MPEGAA 30.81g 用蒸馏水配制成 40% 的水溶液后和丙烯酸 27g 的混合物，置于 250mL 的恒压滴液漏斗中；将烯丙基磺酸钠 108g、丙烯酰胺 53.25g 的混合物用蒸馏水配制成 35% 的水溶液加入到带磁力搅拌的四口烧瓶中，加热搅拌至 75℃ 后，逐渐滴入 10% 的引发剂溶液和 40% 的甲氧基聚乙二醇丙烯酸酯（MPE-GAA）和丙烯酸的混合液（单体滴加速度大于引发剂滴加速度），滴加 1~2h，滴加完毕后，升温到 80℃，继续反应 2h；结束反应，待溶液冷却后用 25% 的 NaOH 溶液调 pH 值为 6~7，即得超高效聚羧酸盐减水剂。

（3）产品技术性能

外观	淡黄色黏性液体	固体含量/%	37±2
密度/（g/cm³）	1.15±0.02	pH 值	6.5±1
总碱量	≤0.2%	减水率/%	45.2
净浆流动度/mm	≥312		

（4）施工及使用方法

本品掺量范围为水泥质量的 0.6%~1.5%，可根据与水泥的适应性、气温的变化和混凝土坍落度等要求，在推荐范围内调整确定最佳掺量。可按计量直接掺入混凝土搅拌机中使用。

配方 27　聚羧酸系泵送剂

（1）产品特点与用途

聚羧酸系泵送剂由醚类聚羧酸系减水剂、缓凝剂葡萄糖钠、柠檬酸钠、木质素磺酸钠和水复合而成。本品为液体外加剂，适用于各种硅酸盐水泥泵送商品混凝土。聚羧酸系泵送剂具有掺量低、减水率高（减水率达到 30% 以上）、保坍性好（1h 坍落度经时损失小于15mm)、对混凝土强度贡献大（7d抗压强度提高85%以上，28d抗压强度提高70%以上）等优点。聚羧酸系泵送剂特点在于使用的缓凝、引气等辅助材料种类较少，各种组分间相容性较好，无分层、沉淀、强腐蚀性等现象，较低的压力泌水、一定的引气性能，可降低水泥早期水化热，综合性能优异。

应用聚羧酸系泵送剂可大幅度降低商品混凝土生产成本，便于商品混凝土生产过程中对产品质量的控制，将为企业降耗增效，对提升行业竞争力具有较大的经济效益和社会效益。

（2）配方

① 配合比　见表2-49。

表2-49　聚羧酸系泵送剂配合比

原料名称	质量份	原料名称	质量份
醚类聚羧酸系减水剂	250~325	木质素磺酸钠	8~12
葡萄糖酸钠	25~40	水	675~750
柠檬酸钠	6~10		

② 配制方法　取聚羧酸系减水剂母液（醚类，40%固含量）32.5kg、水67.5kg加入反应釜中混合均匀后，依次加入葡萄糖酸钠（含量98.5%）3kg、柠檬酸钠（含量99%）0.7kg、木质素磺酸钠1.2kg，搅拌均匀，即制得聚羧酸系泵送剂。

（3）产品技术性能

掺用本品制得的混凝土和易性优良，减水率高（减水率达到30%以上），1h坍落度经时损失小于15mm；对比基准混凝土，添加本品的泵送混凝土，在各个龄期的强度均有不同程度的提升；硬化后的混凝土在外观、裂缝控制、抗渗、耐久性能等方面表现优异。另外，本品所用的贮存、运输设备不用经常清洗，清洗频率可由常规的每年6次下降到每年1次，大大减轻了对环境的污染。

（4）施工及使用方法

聚羧酸系泵送剂适用于C15~C60混凝土，其掺量为混凝土中胶凝材料质量的1%~1.7%。

配方28　聚羧酸系高减水保坍早强型高效泵送剂

（1）产品特点与用途

聚羧酸系高减水保坍早强型高效泵送剂是将浓度为20%的聚羧酸醚类外加剂作为母液与浓度为20%的聚羧酸酯类与硫代硫酸钠在40~50℃的水环境中进行化合形成特定结构的合成产物。化合后添加葡萄糖酸钠、木质素磺酸钠进行复合，复合过程结束后，常温下加入烧碱进行酸碱度调整使pH值至6~8，添加十二烷基硫酸钠引气剂和异噻唑啉酮类防腐防霉杀菌剂后制成。本产品具有较高的稳定性，减水率高、水泥适应性广泛，可适用于有早强要求的各种标号泵送混凝土。本品特别适用于有初期保坍性和早强要求的混凝土，也可用于高标号混凝土、自密实混凝土、高性能混凝土、超高强混凝土等。与一般的聚羧酸系外加剂产品相比，本品在初期施工阶段保坍性能好，混凝土减水率高，可明显降低原配合比中的水泥用量，有效改善混凝土和易性、可泵性，提高硬化混凝土早期强度和混凝土长期耐久性。本品对水泥适应面较广，受四季温度变化影响小，生产简便，既经济又环保。

（2）配方

① 配合比　见表 2-50。

表 2-50　聚羧酸系高减水保坍早强型高效泵送剂配合比

原料名称	质量份	原料名称	质量份
聚羧酸醚类外加剂（浓度20%）	70	烧碱	0.3
聚羧酸酯类外加剂（浓度20%）	5	十二烷基硫酸钠	0.1
硫代硫酸钠	0.6	异噻唑啉酮类防腐防霉杀菌剂	0.2
葡萄糖酸钠	1.5	去离子水	20.8
木质素磺酸钠	1.5		

② 配制方法

a. 将上述组成与配比的去离子水 20.8kg 加入反应釜内并升温至 40~50℃，加入聚羧酸醚类外加剂 70kg，加入聚羧酸酯类外加剂 5kg 和硫代硫酸钠 0.6kg，保持温度搅拌 30min，形成特定结构的合成物；

b. 添加葡萄糖酸钠 1.5kg、木质素磺酸钠 1.5kg 进行复合，搅拌 30min；

c. 待冷却至常温后，加入 0.3kg 烧碱进行酸碱度调整使 pH 值调整至 6~8，添加十二烷基硫酸钠引气剂 0.1kg 和异噻唑啉酮类防腐防霉杀菌剂 0.2kg 后继续搅拌 30min，即为成品。

（3）产品技术性能

聚羧酸系高减水保坍早强型高效泵送剂在符合 GB 8076—2008《混凝土外加剂》国家标准和 JG/T 223—2017《聚羧酸系高性能减水剂》行业标准的基础上，在某些具体指标上具有优势，特别在初期施工阶段的保坍性能，混凝土早期强度方面具有较高的优势，水泥适应性广泛、产品性价比较高。本产品从开发至今已在多项重大工程中应用。经搅拌站实际数据表明，应用本产品的混凝土在性价比、水泥适应性、混凝土初期施工保坍性、和易性、保水性、可泵性、混凝土早期强度、混凝土长期耐久性等方面均表现优异。

（4）施工及使用方法

本品掺量为水泥质量的 0.8%~2%，以在混凝土拌合物加水时掺入为宜。

配方 29　高性能氨基磺酸减水剂

（1）产品特点与用途

目前，具有发展前途的氨基磺酸系高效减水剂，由于生产工艺简单、坍落度损失小，其应用越来越广泛。然而，现在使用的氨基磺酸系高效减水剂主要存在以下问题：①原料价格比较高，以至于造成生产成本较高；②泌水率高，混凝土易离析。高性能氨基磺酸减水剂采用了价格便宜的酚油和尿素，能够有效降低氨基磺酸减水剂的生产成本；同时能够克服泌水率高，混凝土易离析的缺点。高性能氨基磺酸减水剂对各种水泥均有较好的适应性，初始流动度较大，减水率高，混凝土和易性好，保坍性能明显，能够更好地调整混凝土的凝结时间，有效地控制坍落度经时损失，具有改善新拌混凝土各种性能指标和提高工作性等作用，适用于配制高强混凝土、高流动性混凝土、泵送混凝土、高抗渗混凝土及桥梁、管桩等混凝土制品。

（2）配方

① 配合比　见表 2-51。

表 2-51　高性能氨基磺酸减水剂配合比

原料名称	质量份	原料名称	质量份
对氨基苯磺酸钠	7	酚油	3
苯酚	4	20%甲醛溶液	7
尿素	1	水	30

② 配制方法

a. 先将水加入反应釜中，加热至 45～60℃，然后依次向反应釜中加入对氨基苯磺酸钠、苯酚、酚油、尿素，搅拌使其全部溶解，在 60℃保温反应 0.4h；

b. 向上述物料所在反应釜中滴加 20%甲醛溶液，滴加时间控制在 40～60min，升温至 80℃恒温反应 1h，降温冷却至 40～50℃，即制得浓度为 25%～50%、平均分子量为 4000～9500 的红棕色液体产品高性能氨基磺酸减水剂。

③ 配方范围

a. 高性能氨基磺酸减水剂原料质量份配比：氨基芳基磺酸盐 6～20 份、酚类有机物 4～8 份、尿素 1～5 份、酚油 3～9 份、甲醛溶液 7～15 份、水 30～60 份；

b. 所述氨基芳基磺酸盐为对氨基苯磺酸盐；

c. 所述酚类有机物为一元酚、多元酚、烷基酚、双酚，或苯酚、甲酚、邻甲苯酚中的一种；

d. 所述甲醛溶液为 20%～30%甲醛水溶液。

（3）产品技术性能

① 具有超塑化、引气、缓凝性能，减水率高（大于 25%），坍落度损失较小。减水率在 25%以上时仍可显著地改善混凝土的和易性、保水性和可泵性，可提高混凝土的强度和耐久性、抗渗、抗冻融、弹性模量及其他物理力学性能。控制混凝土坍落度损失效果十分明显（混凝土坍落度在 2h 内损失率小于 10%），并且对混凝土内部钢筋无锈蚀作用。

② 应用 525 号普通硅酸盐水泥可配制 C40～C60 高强混凝土，采用特种矿物填充料可配制 C70～C80 高强混凝土。

③ 可节约水泥 10%～15%。

④ 对各种水泥的适应性好，对混凝土干燥收缩无不良影响。

（4）施工及使用方法

① 掺量为水泥质量的 0.4%～1%，常用掺量以 0.5%～0.8% 效果为佳。

② 高性能氨基磺酸减水剂水溶液与拌合水可一起掺加。

③ 本品可采用同掺法、后掺法或滞水法。

④ 采用后掺法的拌合时间不得少于 30min。

配方 30　丙烯酸羟丙酯聚羧酸系高性能混凝土减水剂

（1）产品特点与用途

本品性能优异，原料来源广泛，生产成本低，工艺流程简单且减水性能良好，对各种水泥均有较好的适应性，对水泥的分散作用强，具有良好的流动性、减水率高、坍落度大、坍落度经时损失小、泌水率低，可节约水泥 10%～20%，适用于配制高强混凝土、流态混凝土、蒸养混凝土、泵送混凝土和抗渗防水混凝土。

（2）配方

① 配合比　见表 2-52。

表 2-52　丙烯酸羟丙酯聚羧酸系高性能减水剂配合比

原料名称	质量份	原料名称	质量份
丙烯酸	60	甲基丙烯酸	15
去离子水	20	丙烯酸羟丙酯	18
次磷酸钠	10	氢氧化钠溶液（30%）	调节 pH＝6～8
过硫酸铵溶液	16		

② 配制方法　含羧基、羟基、磺酸基多官能团共聚物减水剂的制备方法是在氧化-还原体系中引发单体聚合，反应温度 40～150℃，反应时间 2～6h。工艺流程如下：

a. 将丙烯酸羟丙酯、丙烯酸、甲基丙烯酸、次磷酸钠、水，依次加入反应釜内，混合搅拌均匀。

b. 向反应釜内通入氮气，插上冷凝管，加入单体总质量 1%～2% 的过硫酸铵引发剂，加热升温至 40～150℃，保温反应 2～6h；待反应物冷却至 20℃后，用 50% 的氢氧化钠溶液中和，调节 pH 值至 6～8，即制得浓度为 37% 的淡黄色透明液体聚羧酸系高性能减水剂。

（3）产品技术性能

外观	淡黄色黏性液体	pH 值	6~8
密度/(g/cm³)	1.15±0.02	总碱量	≤0.2%
固体含量/%	37±2		

（4）施工及使用方法

本品掺量范围为水泥质量的 0.5%~1.2%，可根据与水泥的适应性、气温的变化和混凝土坍落度等要求，在推荐范围内调整确定最佳掺量。高性能减水剂溶液可按计量直接掺入混凝土搅拌机中使用。

配方 31　FE-2 磺化对氨基苯磺酸高性能混凝土减水剂

（1）产品特点与用途

FE-2 型磺化对氨基苯磺酸高性能混凝土减水剂对各种水泥均有较好的适应性，对水泥的分散作用强，初始流动度较大，减水率高，减水率可达 20%~35%，坍落度大，坍落度经时损失小，2h 混凝土坍落度基本不损失，泌水率低，早强增强效果好。与基准混凝土相比，在同水灰比的前提下，坍落度增加值≥100mm，具有改善新拌混凝土各种性能指标和提高工作性等作用。

FE-2 型高性能减水剂掺量小，对混凝土具有黏聚性强、含气量少和塑化作用。混凝土不易分层、离析，施工使用方便，能够保证工程质量，在混凝土强度基本不变的情况下，可节约水泥 10%~20%；适用于高强混凝土，流态混凝土，泵送混凝土和桥梁、地铁高抗渗防水混凝土。

（2）配方

① 配合比　见表 2-53。

表 2-53　FE-2 型磺化对氨基苯磺酸高性能混凝土减水剂配合比

原料名称	质量份	原料名称	质量份
对氨基苯磺酸粗品	34	保水剂甲基纤维素	1
磺化剂亚硫酸氢钠	30	丙酮	58
缓凝剂三聚磷酸钠	5	甲醛（37%）	160
引气剂松香热聚物	1	水	300

② 配制方法

a. 将水放入反应釜中，加入对氨基苯磺酸粗品和磺化剂亚硫酸氢钠，再加入丙酮，升温至 80℃反应 2h，缓慢加入甲醛，在 95~110℃下反应 2~8h，即可得到液体产物，也可经烘干脱水干燥处理制成粉状产品。

b. 向步骤 a 所得液体或粉状产物中加入保水剂甲基纤维素、引气剂松香热聚物和缓凝剂三聚磷酸钠，搅拌混合均匀后即可制得具有不同性能的产品。

③ 配比范围

a. FE-2 高性能减水剂各组分质量份配比范围是：水 40～300、对氨基苯磺酸 20～100、磺化剂 20～100、丙酮 20～200、甲醛 20～200、保水组分 0～2、引气组分 0～2、缓凝组分 0～50。

b. 所述对氨基苯磺酸粗品为对氨基苯磺酸及其组合物。

c. 所述磺化剂可以是亚硫酸钠、亚硫酸氢钠或焦亚硫酸钠中的一种或其组合物。

d. 所述保水组分可以是羧甲基纤维素、羧乙基纤维素、羧乙基甲基纤维素、聚丙烯酰胺、聚乙烯醇和淀粉中的一种或其组合物。

e. 引气组分为松香热聚物、松香酸钠、烷基苯磺酸钠、皂角类引气剂和脂肪醇硫酸盐中的一种或其组合物。

f. 缓凝组分可以是三聚磷酸钠、葡萄糖酸钠、柠檬酸、蔗糖、酒石酸及其盐类的一种或其组合物。

（3）产品技术性能

① 掺量为水泥质量的 0.5%～1.0% 时，减水率可达 15%～25%，减水率高，混凝土强度提高 30%～60%，28d 强度提高 20%～40%。

② 在配合比不变情况下，可使混凝土坍落度从 3～5cm 提高到 15～20cm，坍落度损失较少，泌水率低，掺小，混凝土不易分层、离析。

③ 对各种水泥适应性好，在相同水灰比、同等强度条件下，可节省水泥 10%～15%。

④ 本品能在混凝土中引入少量微气泡，从而大大提高混凝土的抗渗和抗冻融能力。

⑤ 本品碱含量较低，对钢筋无锈蚀危害。

（4）施工及使用方法

① 掺量为水泥质量的 0.5%～1%，常用掺量为 0.6%～0.8%。

② 本品可采用同掺法、后掺法或滞水法，减水剂溶液可与拌合水一起掺加。

③ 采用减水剂后掺法的拌合时间不得少于 30min。

配方 32　PEM 型聚羧酸系高性能减水剂

（1）产品特点与用途

本产品生产工艺简单、反应时间短，对设备要求低，在酯化和共聚反应中，反应温度不超过 90℃，酯化反应使用固体酸 SO_4^{2-}/ZrO_2，对设备腐蚀性不强，且能够重复使用。在酯化反应中不需添加阻聚剂，且催化剂容易除去，对下一步聚合反应没有影响。本品组成原料中使用了廉价的马来酸酐工业品和双羟基的聚乙二醇，有利于降低聚羧酸减水剂的成本。本产品适用于各类泵送混凝土，大体积混凝土，高架桥、高速公路、桥梁、水工混凝土，特别适用于重点工程和有特殊要求的高强、高性能混凝土。

（2）配方

① 配合比　见表 2-54。

表 2-54　PEM 型聚羧酸系高性能减水剂配合比

原料名称	质量份	原料名称	质量份
聚乙二醇马来酸酐酯化物（PEM）与剩余马来酸酐混合物	40	丙烯酸	13
甲基丙烯磺酸钠	18	过硫酸铵溶液（8%）	126.2
水	40	氢氧化钠溶液（30%）	调节 pH=7~8

② 配制方法

a. 酯化反应：将相对分子质量为 1000 的聚乙二醇、马来酸酐、固体酸 SO_4^{2-}/ZrO_2 放入反应容器中，加热搅拌均匀使反应物完全溶解，抽真空 0.2 个大气压，保温 85℃±5℃，反应 4h，生成聚乙二醇马来酸酐酯化物（PEM）与剩余马来酸酐的混合物。聚乙二醇马来酸酐酯化物（PEM）与剩余马来酸酐的混合物配合比见表 2-55。

表 2-55　聚乙二醇马来酸酐酯化物（PEM）与剩余马来酸酐的混合物配合比

原料名称	质量份	原料名称	质量份
相对分子质量为 1000 的聚乙二醇	60	固体酸 SO_4^{2-}/ZrO_2	4.7
马来酸酐	18		

b. 共聚反应：将步骤 a 所得的混合物和甲基丙烯磺酸钠放入反应釜中，加入水，加热升温至 60~70℃，搅拌均匀使反应物完全溶解，一边滴加丙烯酸，一边滴加质量百分比为 8% 的过硫酸铵溶液，控制滴加速度，在 100min 左右滴完，保温 85℃±5℃，反应 4h，冷却至室温后加入 30% 浓度氢氧化钠溶液中和，调节 pH 值至 7~8，即制得固含量 30%PEM 型聚羧酸系高性能减水剂。

PEM 型聚羧酸系高性能减水剂质量份配比范围：相对分子质量为 1000 的聚乙二醇 60、马来酸酐 18~24、固体酸 SO_4^{2-}/ZrO_2 4.7~7.8、聚乙二醇马来酸酐酯化混合物 39~41、甲基丙烯磺酸钠 17~19、水 40~115、丙烯酸 12~14、8% 的过硫酸铵溶液 44.4~126.2、30% 氢氧化钠溶液中和 pH=7~8。

（3）产品技术性能

本品的物化指标见表 2-56。

表 2-56　PEM 型聚羧酸系高性能减水剂物化指标

项目名称	指标	项目名称	指标

续表

项目名称	指标	项目名称		指标
外观	棕色液体	抗压强度比/%	1d	≥130
固含量/%	30		3d	≥120
水泥净浆流动度/mm	245		7d	≥115
减水率/%	30		28d	≥110
泌水率比/%	≤90	收缩率比/%		≤135
含气量/%	≥3.0	对钢筋锈蚀作用		对钢筋无锈蚀危害
凝结时间差/min	−90～+12			

（4）施工及使用方法

PEM 型聚羧酸高性能减水剂的掺量范围为水泥质量的 0.2%～0.7%，可根据与水泥的适应性、气温的变化和混凝土坍落度等要求，在推荐范围内调整确定最佳掺量。PEM 型聚羧酸高性能减水剂的溶液可按计量直接掺入混凝土搅拌机中使用。

配方 33　超低水化热聚羧酸系高性能减水剂

（1）产品特点与用途

本品通过调节反应物的摩尔量，将减水剂主链上接枝的羧基与聚氧乙烯基的摩尔比控制在（1～7）:1 范围内。反应温度基本恒定，反应条件易于控制，聚合过程中不使用任何有机溶剂，不含甲醛，产品无毒、无污染，对环境安全，无工业三废排放。采用本品配制的混凝土，当用 20% 浓度的减水剂掺量为水泥质量的 1% 时，减水率可达 30%，混凝土 3d 抗压强度提高 60% 以上。28d 抗压强度提高 50% 以上，90d 抗压强度提高 30% 以上。混凝土表面无泌水线、无大气泡、色差小、混凝土外观质量好，碱含量低；不含氯离子，对钢筋无腐蚀性，抗冻融能力和抗碳化能力较普通混凝土显著提高。混凝土 28d 收缩率较萘系类高效减水剂降低 20% 以上，产品适应性强，适应于多种规格、型号的水泥，尤其适宜与优质粉煤灰、矿渣等活性掺合料配伍制备高性能混凝土。产品性能稳定，长期贮存不分层、无沉淀，冬季无结晶。

超低水化热聚羧酸系高性能减水剂适用于高强混凝土、自流平混凝土、泵送混凝土、喷射混凝土等对混凝土工作性、强度、耐久性等有较高要求的高性能混凝土工程领域。

（2）配方

① 配合比　见表 2-57。

表 2-57　超低水化热聚羧酸系高性能减水剂配合比

原料名称	质量份	原料名称	质量份
水	16.67	硫酸亚铁	0.152

原料名称	质量份	原料名称	质量份
甲基丙烯酸	8.2	多元醇	1.35
甲基丙烯酸聚乙二醇单甲醚酯 （分子量 300~500）	26.1	水	77.95
水	46.55	氢氧化钠	调节 pH=7~8
偶氮二异丁腈	1.37		

② 配制方法

在带搅拌器的反应釜中加入水，加热升温至 80℃±5℃，边滴加由甲基丙烯酸、甲基丙烯酸聚乙二醇单甲醚酯和水组成的溶液，另一边滴加引发剂与改性剂溶液（由偶氮二异丁腈、硫酸亚铁、多元醇与水）控制滴加速度，在 6~7h 滴完并升温至 90~95℃，继续保温反应 4~5h。降温冷却至室温，用 50%氢氧化钠溶液调节反应物 pH 值至 7~8，制得最终产物 20%浓度的超低水化热聚羧酸系高性能减水剂。

③ 配比范围　本品各组分质量份配比范围为：甲基丙烯酸 8~11、甲基丙烯酸聚乙二醇单甲醚酯 8~27、引发剂 0.05~1.6、改性剂 0.45~1.35。

所述引发剂为偶氮二异丁腈与硫酸亚铁的混合物。

所述改性剂为多元醇，羟基含量为 30%~50%。

（3）产品技术性能

超低水化热聚羧酸系高性能减水剂产品的水化热性能检测结果见表 2-58。

表 2-58　产品的水化热性能检测结果

项目	T_{max}/h	T_{max}/℃	$Q(1d)$/(kJ/kg)	$Q(3d)$/(kJ/kg)
空白	12	36.0	242	247
本产品	38	27.0	97	198

（4）施工及使用方法

① 本品掺量范围为水泥质量的 0.8%~1.2%，可根据与水泥的适应性、气温的变化和混凝土坍落度等要求，在推荐范围内调整确定最佳掺量。

② 按计量直接掺入混凝土搅拌机中使用。

③ 在使用本产品时，应按混凝土配合比事先检验与水泥的适应性。

配方 34　聚羧酸系聚醚类高性能减水剂

（1）产品特点与用途

本品是一种聚羧酸系聚醚类高性能减水剂，应用于混凝土时掺量低、减水率高，减水率可达 30%，坍落度损失小，2~3h 内坍落度基本无损失，可明显改善混凝土和易性、保水性、可泵性，提高混凝土保坍性，大幅度提高硬化混凝土后期强度，对各种水泥适应性强，产品无毒，对环境无污染。特别适用于配制低水胶比、高强、高耐久性混凝土，即自密实混凝土、高性能混凝土、超高强混凝土等，配制抗压强度等级在 C50 及 C50 以上的高性能混凝土。

（2）配方

① 配合比　见表 2-59。

表 2-59　聚羧酸系聚醚类高性能减水剂配合比

原料名称	质量份	原料名称	质量份
去离子水	71.2	聚乙二醇单甲醚	14
甲基丙烯酸	7	硫酸	0.5
过硫酸铵	0.8	离子膜碱	6.5

② 配制方法

a. 将去离子水和聚乙二醇单甲醚、甲基丙烯酸加入到反应釜中，加热升温到 100~130℃后，保温反应在 0.5h 内均匀缓慢滴加引发剂过硫酸铵，保温搅拌 6h，进行酯化反应。

b. 待步骤 a 制得的酯化产物自然降温冷却至 80~90℃时，保持温度，在 95h 内均匀滴加硫酸，保温搅拌 5h，通过硫酸的氧化作用进行聚合反应。

c. 聚合反应结束后，待反应物料温度冷却至常温，投入离子膜碱，调整 pH 值至 6~8，制得固体含量 30% 的聚羧酸系聚醚类高性能减水剂溶液。

③ 配比范围本品各组分质量份配比范围：聚乙二醇单甲醚 13~16，甲基丙烯酸 5~8，过硫酸铵 0.6~0.9，硫酸 0.4~0.8，离子膜碱 6~10，去离子水 65~75。

（3）产品技术性能

当掺量为水泥质量的 0.35% 时，60min 混凝土拌合物坍落度可达 195mm，水泥净浆流动度 215mm，混凝土拌合物的流动性好，坍落度损失小。2h 坍落度基本不损失，其高工作性可保持 6~8h，混凝土表面无泌水、分层现象。掺量为 1.2% 时，减水率可达 30%，混凝土 3d 抗压强度提高 70%~120%，28d 抗压强度提高 50%~80%，90d 抗压强度提高 30%~40%。按 GB/T 8077—2012 检测标准检测，聚羧酸系聚醚类高性能减水剂减水率高、混凝土保坍性能好。

（4）施工及使用方法

① 本品掺量范围为水泥质量的 0.5%~1.2%，适宜掺量以 0.6%~1.0% 效果最佳。

② 减水剂溶液按计量可与拌合水同时加入混凝土搅拌机中使用。如有条件，建议后于拌合水加入。

③ 本品与其他外加剂复合使用前必须通过混凝土试配试验确定其效果。

配方 35　CUMT-PC 水溶性接枝聚羧酸类高性能减水剂

（1）产品特点与用途

本品分子骨架由主链和较多的支链组成，支链上含有较多的活性基团，在结构中不但引入了醚键和酯键，同时还引入了部分含有杂原子的长侧链，在最大程度上优化了聚合物的结构，使其在具有高减水率的同时，还能起到定点吸附以及减小混凝土收缩的特殊性能；配方中加入双氧水对粗制羧酸共聚物进行了特殊的再活化处理，并在结构中引入了磺酸根离子，改善了聚羧酸梳型共聚物在不同矿物相分散吸附能力，因此使本品的综合性能更加优越。CUMT-PC 高性能减水剂的研制成功，完全解决了聚羧酸盐减水剂适应性差，对水泥矿物组成苛刻及对砂子中含泥量敏感的问题，可以与多种水泥相适应，并具有较大的坍落度保持性。

CUMT-PC 高性能减水剂主要应用于配制高性能混凝土增强水泥的适应性和坍落度保坍剂。

（2）配方

① 配合比　见表 2-60。

表 2-60　CUMT-PC 水溶性接枝聚羧酸类高性能减水剂配合比

原料名称	质量份	原料名称	质量份
甲基丙烯酸（A）	9.17	去离子水	165
甲氧基聚氧乙烯甲基丙烯酸酯（B）	50	过硫酸铵	0.46
聚乙二醇烯丙基醚（C）	50	30%NaOH 溶液	适量
α-氨基-聚氧乙烯-ω-甲基丙烯酸酯（D）	22	3-巯基丙酸	0.37
甲基烯丙基磺酸钠（E）	4.02	10%双氧水	适量

② 配制方法

a. 按摩尔比为 1∶0.26∶0.39∶0.17∶0.2 分别称取 9.17 份的甲基丙烯酸（A）、50 份的甲氧基聚氧乙烯甲基丙烯酸酯（B，$Mw = 1500$）、50 份的聚乙二醇烯丙基醚（C，$Mw = 1000$）、22 份的 α-氨基-聚氧乙烯-ω-甲基丙烯酸酯（D，$Mw = 1000$）和 4.02 份的甲基烯丙基磺酸钠（E）；

b. 将上述称取的聚合物单体 A、B、C、D 与 50 份去离子水配成质量百分比为 70% 的水溶液，并加入 0.37 份的 3-巯基丙酸（链转移剂，占聚合物单体总质量 0.28%），制得混合单体溶液。

c. 将聚合物单体甲基烯丙基磺酸钠（E）配成质量百分比为 70% 的单体 E 水溶液备用；

d. 取 0.46 份的过硫酸铵（引发剂占聚合物单体总质量 0.35%）溶于 15 份的去离子水中，在配置有搅拌器、温度计、回流冷凝管、滴液漏斗装置的 1000mL 搪瓷反应釜中加入 100 份去离子水（占混合单体水溶液总质量 55.2%），加热升温至 60~100℃，同时滴加混合单体水溶液和过硫酸铵溶液，分别在 2h 和 3h 内滴完，保温反应 1h，得粗制共聚物；

e. 将所得粗制共聚物冷却至 40℃ 以下，溶液由浑浊变为澄清透明，用 30% 的

NaOH 溶液中和至 pH=7，然后稀释至固含量30%；

f. 将中和稀释后的共聚物转移重新加热至60~75℃，同时分别滴加浓度为10%的双氧水溶液和单体 E 水溶液，其中双氧水的加入量为聚合物单体 E 质量的3.5%，1h 内滴加完毕。继续保温反应1h，冷却至40℃以下，稀释至固含量为20%，即制得淡黄色至棕红色澄清透明液体溶液水溶性接枝聚羧酸类减水剂 CUMTB-PC，其重均分子量为48000。

③ 配比范围　本品各组分质量份配比范围：水溶性接枝聚羧酸类减水剂由以下通式（A）、（B）、（C）、（D）、（E）表示的聚合物单体共聚而成，其通式分别为：

$$\underset{CH_2=C-COOR_2}{\overset{R_1}{|}} \tag{A}$$

其中，R_1 表示氢原子或 C_1~C_3 的烷基；R_2 表示氢原子、碱金属阳离子、铵基或 C_1~C_4 的脂肪族烷基。

$$CH_2=\overset{R_3}{\underset{|}{C}}-\overset{O}{\overset{||}{C}}-O+(AO)_n R_4 \tag{B}$$

其中，R_3 表示氢原子或碳原子数为1~3的脂肪族烷基；R_4 表示碳原子数为1~3的脂肪族烷基。A 表示碳原子数为2~4的亚烷基。n 表示氧化乙烯基的平均摩尔数，其值为15~100。

$$CH_2=\overset{R_6}{\underset{|}{C}}-C-O+(CH_2CH_2O)_m R_5 \tag{C}$$

其中，R_5 表示碳原子数为1~3的烷基；R_6 表示 H 或者 CH_3，m 表示氧化乙烯基的平均摩尔数，其值为15~100。

$$CH_3-\overset{R_8}{\underset{|}{C}}-CH_2-\overset{R_9}{\underset{|}{C}}-H \tag{D}$$

其中，R_8、R_9 分别表示氢原子及 C_1~C_4 的脂肪族烷基；X 表示 N、O 或 S；R_{10} 表示重复单元数为15~50的甲氧基聚氧乙烯基、甲氧基聚氧丙烯基或二者的混合。

$$CH_2=\overset{R_7}{\underset{|}{C}}-CH_2-SO_3M \tag{E}$$

其中，R_7 表示氢原子或甲基；M 表示氢原子或碱金属阳离子。

所述聚合物单体的摩尔比 A:B:C:D:E 为 1:（0.3~0.6）:（0.2~0.35）:（0.1~0.2）:（0.3~0.5）。

所述的引发剂为过硫酸铵、碱溶液为氢氧化钠溶液，所述的链转移剂为3-巯基丙酸，所述的活化剂为双氧水。

CUMT-PC 水溶性接枝羧酸类减水剂的重均分子量可在聚合时通过选择引发剂及其用量来调节和控制，一般为 5000~100000。优选 15000~80000，更优选 20000~50000。

所述通式（A）中的 R_1 优选为甲基或乙基；

所述通式（B）中的重复单元数 n 优选为 20~50；

所述通式（C）中的重复单元数 m 优选为 15~50；

所述通式（C）中的 R_5 优选为碳原子数为 1~3 的烷基；

所述通式（D）中 X 优选为氮或氧；

所述通式（D）中的 R_{10} 优选的重复单元数 15~30。

（3）施工及使用方法

本品掺量范围为水泥质量的 0.5%~1.5%，常用掺量为 0.8%~1%。

配方 36　聚醚类绿色环保型聚羧酸盐高性能减水剂

（1）产品特点与用途

本品掺量低、减水率高、固含量大于 30%，一般掺量为水泥用量的 0.5%~1.2%，减水率可达 25%~30%，拌合物和易性好，而且具有较高的保坍性，坍落度经时损失小，2h 坍落度基本不损失，掺量为水泥用量的 0.25%，混凝土拌合物坍落度可达 19cm，其高工作性可保持 6~8h，很少存在泌水、分层等现象。本品与水泥、掺合料及其他外加剂的相容性好，产品存放时间长，常温下储存两年以上不变质。无氯、无碱是一种安全、绿色环保型高性能减水剂，适用于配制高性能混凝土。

（2）配方

① 配合比　见表 2-61。

表 2-61　聚醚类绿色环保型聚羧酸盐高性能减水剂配合比

原料名称	质量份	原料名称	质量份
聚醚	350	巯基丙酸	0.075
阻聚剂	0.002	引发剂	0.15
硫酸	0.02	氢氧化钠	0.08
甲基丙烯酸	0.1	水	600

② 配制方法

a. 将聚醚熔融后加入反应釜内，开动搅拌机，加入阻聚剂、硫酸、甲基丙烯酸混合搅拌均匀，加热升温 70~90℃进行酯化反应，反应时间 3~5h 后降温，制得酯化产物，待用。

b. 在反应釜内加入酯化产物质量的 70%~90% 的水，加热升温 50~70℃，将步骤 a 制得的酯化产物与巯基丙酸、引发剂过硫酸铵水溶液在 4~5h 内滴加到反应釜中的水内，保温反应 1~1.5h，反应结束后降温至 50℃，加入氢氧化钠溶液中和至

pH=6~7,出料,即制得固含量为30%棕色液体绿色环保型聚羧酸盐高性能减水剂。

③ 配比范围 本品各组分质量份配比范围为:聚醚300~400、阻聚剂0.001~0.003、硫酸0.01~0.03、甲基丙烯酸0.1~0.4、巯基丙酸0.05~0.09、引发剂0.1~0.2、氢氧化钠0.05~0.1、水400~800。

所述阻聚剂为对苯二酚,引发剂为过硫酸铵。

本品掺量为水泥质量的0.5%~1.2%,常用掺量为0.3%~1%。

配方37 引气保坍型聚羧酸系高性能混凝土减水剂

(1)产品特点与用途

采用本品配置的混凝土,当减水剂掺量为胶凝材料质量1%时,减水率可达30%以上,含气量在3.0%~6.0%,混凝土拌合物的流动性好,坍落度损失小,保坍性好,混凝土坍落度2h内基本无损失,常压下无泌水现象,混凝土可泵性、抗离析性能好,碱含量低,可避免碱-骨料反应。本品氯离子含量极低,对钢筋无锈蚀作用,混凝土体积稳定性好,混凝土28d几乎无收缩;产品对水泥适应面较广,适应于多种不同规格型号的水泥,产品性能稳定,长期贮存无沉淀、不分层。

本品适用于配制高强、高耐久性、自密实的高性能混凝土工程领域。

(2)配方

① 配合比 见表2-62。

表2-62 引气保坍型聚羧酸系高性能混凝土减水剂配合比

原料名称	质量份	原料名称	质量份
相对分子质量600的聚乙二醇	500	过硫酸钾	5
丙烯酸	18	对苯二酚	6.076
甲苯	182.28	对甲苯磺酸	30.38
烯丙基磺酸钠	96.58	30%氨水	适量
甲基丙烯酸	107.61	水	适量

② 配制方法

a. 将分子量为1000的聚乙二醇500kg和甲基丙烯酸107.61kg加入到装有冷凝分流装置的反应釜中,加入阻聚剂对苯二酚6.076kg,催化剂对甲苯磺酸30.38kg,溶剂甲苯182.28kg,搅拌混匀,加热升温至125℃,反应5h,通过减压蒸馏蒸除溶剂并回收,制得酯化产物635kg。

b. 在酯化产物中补加96.58kg烯丙基磺酸钠和18kg丙烯酸,加321.25kg水配成浓度为70%单体溶液,用过硫酸钾5kg加水200kg配成2.44%的引发剂溶液;在反应器内加水2477kg,搅拌混合均匀,加热升温至85℃,每0.5h添加单体溶液一次,每次投入178.47kg,3h将单体溶液投料完毕。引发剂溶液采用慢速滴加法,4h内滴完,升温至90℃保温反应2h,降温冷却至45℃,用浓度30%的氨水中和至pH

=7.0，即制得引气保坍型聚羧酸系高性能混凝土减水剂。

③ 配比范围　本品各组分质量份配比范围：聚亚烷基二醇单体与羧酸类单体的质量比1：（1.25~4.0）；催化剂1~10，阻聚剂0.1~2.5，溶剂15~35。

制备具有反应活性的大单体所述聚亚烷基二醇单体选用不同分子量的聚乙二醇、甲氧基聚乙二醇中的一种或混合物。所述羧酸类单体选用丙烯酸、甲基丙烯酸、丙烯酸甲酯、甲基丙烯酸甲酯中的一种或两种以上的混合物。

所述催化剂为浓硫酸、对甲苯磺酸中的一种或混合物。所述阻聚剂为吩噻嗪、苯酚衍生物中的一种或混合物；所述溶剂选用甲苯、环己烷中的一种或混合物。

所述聚亚烷基二醇丙烯酸酯类单体选用不同分子量的聚乙二醇单丙烯酸酯、甲氧基聚乙二醇单丙烯酸酯中的一种或混合物；所述羧酸类单体选用丙烯酸、甲基丙烯酸、丙烯酸甲酯中的一种或两种以上的混合物；所述烯基磺酸类单体选用烯丙基磺酸盐中的一种或混合物。

所述引发剂为过硫酸钠、过硫酸钾、过硫酸铵中的一种或混合物；所述中和碱选用溶液浓度为30%的液碱或氨水中的一种或混合物。

（3）施工及使用方法

本品掺量范围为水泥质量的0.5%~1.2%，常用掺量为0.4%~1.0%。

配方38　徐放型聚羧酸系高性能减水剂

（1）产品特点与用途

本品通过调整配方和生产工艺，利用复合高效催化剂在较低温度下实现酯化，利用核磁共振表征大单体的酯化率以及双键剩余率来确定酯化反应的工艺和配方，合成出具有高保坍性能的徐放型聚羧酸系高性能减水剂。整个生产过程在常压下进行，无毒、无刺激性气味、无三废排放，对环保指标甲苯含量、氨释放含量及甲醛含量进行控制，符合绿色环保标准。徐放型聚羧酸系高性能减水剂适用于对混凝土坍落度控制能力要求较高的混凝土工程，特别适用于夏季泵送大流动度混凝土，如自密实混凝土、水下灌注桩混凝土等。

（2）配方

① 配合比（表2-63）。

表2-63　徐放型聚羧酸系高性能减水剂配合比

原料名称	质量份	原料名称	质量份
顺丁烯二酸酐	284.5	烯丙基聚氧乙烯醚	1650
聚乙二醇单甲醚	248.5	丙烯酸	60
对甲苯磺酸	2.5	甲基丙烯磺酸钠水溶液（196：354）	551
对苯二酚	0.3	水	1790
浓硫酸	1.5	液碱	350

② 配制方法

a. 按配方称量顺丁烯二酸酐（MAH）101.5kg、聚乙二醇单甲醚（MPEG）（聚合度为 13，分子量为 600）248.5kg、催化剂对甲苯磺酸 2.5kg，阻聚剂对苯二酚 0.30kg 投入反应釜中，加热升温至 75℃。

b. 保温反应 2h 后，加入 1.5kg 浓硫酸，继续保温 75℃反应 3h。

c. 加入顺丁烯二酸酐（MAH）183kg、聚合度为 26 的烯丙基聚氧乙烯醚（APEG）1650kg 和水 1790kg 到反应釜中。

d. 加热升温至 75℃后，在三个高位罐中，分别滴加 60kg 丙烯酸（AA）、550kg 甲基丙烯磺酸钠（MAS）水溶液（354kg 水 + 196kgMAS）、400kg 过硫酸铵水溶液（351kg 水+49kg 过硫酸铵）。

e. 滴加过程中，保温 75℃，三种滴加液同时滴加 2h。

f. 滴加完毕后，每隔 30min 取样进行水泥净浆流动度（掺量A 5%）检测，试验方法参照 GB/T 8077—2012，第一次净浆流动度需 ≥160mm，第二次净浆流动度需 ≥200mm，第三次净浆流动度需 ≥230mm。

g. 保温反应 1.5h 后，降温至 50℃。

h. 加入液碱 350kg 进行中和，制得浓度 50%左右的徐放型聚羧酸系高性能减水剂。

（3）产品技术性能

当掺量为水泥质量的 0.5%时，60min 混凝土拌合物坍落度可达 195mm，水泥净浆流动度 230mm，混凝土拌合物的流动性好，坍落度损失小。2h 坍落度基本不损失，其工作性可保持 6~8h，很少存在泌水、分层现象。掺量为 0.5%时，减水率可达 30%，混凝土 3d 抗压强度提高 70%~120%，28d 抗压强度提高 50%~80%，90d 抗压强度提高 30%~40%。按 GB/T 8077—2012 检测标准检测，徐放型聚羧酸系高性能减水剂减水率高、保坍性能好。

（4）施工及使用方法

① 产品固含量为 50%时，推荐掺量 0.3%~0.6%；

② 计量应准确，在配制高强混凝土时，应注意机械设备的质量和加料顺序；

③ 本品可采用同掺法或后掺法的形式掺入混凝土。

配方 39　酯醚混合型超早强聚羧酸系高性能减水剂

（1）产品特点与用途

产品特点：

① 用酯醚混合型聚羧酸系高性能减水剂实现了酯类聚羧酸系高性能减水剂高减水率和高流动性及醚类聚羧酸系高性能减水剂的良好适应性和保坍性，在性能上能够互补，使掺入加速固化剂组分后混凝土施工的和易性和适应性得到调整，保证混凝土的可施工性。

② 在聚羧酸系高性能减水剂中添加增强化学黏结力的氟硅酸盐及硅酸盐加速固

化剂，使混凝土的水化反应和化学反应同时进行，加快和增强混凝土黏结力，形成混凝土早强的叠加效应，使混凝土的超早强性能大大提高。

③ 本品采用两种或两种以上无机物和有机化合物复合使用，性能上形成叠加作用，提高了产品使用性能。

用途：酯醚混合型超早强聚羧酸高性能减水剂主要适用于作应急混凝土工程的早强减水剂，可用于建筑、水利、港口、公路、铁路、航空、核电及军事工程中。

（2）配方

① 配合比（表 2-64）。

表 2-64　酯醚混合型超早强聚羧酸系高性能减水剂配合比

原料名称	质量份	原料名称	质量份
酯醚混合型聚羧酸高性能减水剂	300	聚氧乙烯类消泡剂 GJ-SP	1.7
硫代硫酸钠	16	无水氯化钙	16
乙二胺	4.5	二甲基甲酰胺	15.5
氟硅酸钠	185	氟硅酸锌	13

② 配制方法

a. 按配比将酯醚混合型聚羧酸高性能减水剂加入复合无机盐类早强剂的水溶液中，充分搅拌混合均匀。

b. 按配比将复合有机类加速固化剂加入到 a 复合无机盐类早强剂的水溶液中，搅拌混合均匀。

c. 需现场快速施工时，加入复合氟硅酸盐到 b 制得的水溶液后，再加入聚氧乙烯类消泡剂，需配超早强高性能减水剂时，将氟硅酸盐组分在施工现场混凝土搅拌时再计量加入。

（3）质量份配比范围

本品各组分质量份配比范围为：酯醚混合型早强聚羧酸高性能减水剂 300~600，复合无机盐类早强剂 1~50，聚氧乙烯类消泡剂 1~6，复合氟硅酸盐 100~400，复合有机类加速固化剂 10~150。

所述的复合无机盐类早强剂为硫酸钠、硫代硫酸钠、硫氰酸钠、硫酸钾、硝酸钙或亚硝酸钠等第一组无机盐与无水氯化钙、氯化铁或氯化铝等第二组无机盐的任意组合。

所述的复合氟硅酸盐是指氟硅酸钠、氟硅酸锌或氟硅酸镁等第一组氟硅酸盐与硅酸钠或氟化钠等第二组氟硅酸盐的任意组合。

所述的复合有机加速固化剂是指甲酰胺、二甲基苯胺或二亚乙基三胺等第一组固化剂与乙二胺、三乙酸甘油酯、过氧化甲乙酮或过氧化苯甲酰等第二组固化剂的任意组合。

所述的酯醚混合型聚羧酸系高性能减水剂和聚氧乙烯类消泡剂为市售商品。

（4）产品技术性能

① 掺量低，减水率高。掺量为水泥质量的 2%时，减水率可达 30%，坍落度经时损失小，2~3h 坍落度基本无损失，可使混凝土净浆具有良好的流动性。

② 掺用本品能使混凝土具有超早强性能，28d 抗压强度为 110%~120%，混凝土抗冻、抗渗、抗折、弹性模量等物理力学性能均有改善。

③ 对各种水泥适应性好，在相同水灰比、同等强度条件下，可节省水泥 10%~15%。

④ 掺氟硅酸盐的混凝土用水量减少，使得混凝土早期稳定性得到改善，在低于 0℃的早期硬化临界时间不冻结。

（5）施工及使用方法

① 掺量范围：掺量为水泥质量的 1.5%~2%，配制高强混凝土时可增大到 2%~3%。

② 按计量直接掺入混凝土搅拌机中使用。

③ 在使用本产品时，应按混凝土配合比事先检验与水泥的适应性。

配方 40　改性脂肪酸环保型高效减水剂

（1）产品特点与用途

本品对水泥适用性广泛，和易性、黏聚性好，与其他各类外加剂配伍良好。使用本品配制的混凝土颜色与基准混凝土颜色相近，拌制的混凝土具有低坍落度损失、无离析、泌水现象，对各种水泥适应性好。本品有效地利用了木质素磺酸盐，既降低了产品成本，又减少了环境污染，生产工艺简单，反应条件温和，生产周期短，所需设备为常规设备，整个生产过程无"三废"（废气、废液、废渣）排放。

改性脂肪酸高效减水剂无毒、不燃、不腐蚀钢筋，冬季无硫酸钠结晶。使用本品能显著提高混凝土的抗冻融、抗渗、抗硫酸盐侵蚀能力，并能提高混凝土的其他物理力学性能，适用于配制各种普通混凝土及高强高性能混凝土。

（2）配方

① 配合比　见表 2-65。

表 2-65　改性脂肪酸高效减水剂配合比

原料名称	质量份	原料名称	质量份
丙酮(99%)	1	甲醛溶液(37%)	0.95
亚硫酸钠(75%)	2	木质素磺酸盐	4
焦亚硫酸钠	1	氢氧化钠	适量
水	15.2		

② 配制方法

a. 按配比称量将磺化剂、丙酮和水加入反应釜内，加热升温至 25~65℃后磺化反应 0.1~1.5h。

b. 于 0.25~2.5h 内滴加部分甲醛溶液，并升温至 70~95℃，控制滴加完时物料温度在 95~100℃反应 1~6h。

c. 降温至 60℃以下，将木质素磺酸盐与剩余的甲醛溶液加入反应釜，用碱性调节剂氢氧化钠将体系 pH 值调至 8.0~14.0，升温至 70~98℃后，反应 1~5h，降温出料，即制得改性脂肪酸高效减水剂。

（3）质量份配比范围

本品各组分质量份配比范围为：丙酮 1，亚硫酸钠 1~3，焦亚硫酸钠 0.8~1.2，水 3.6~15.2，甲醛溶液 0.95~4.5，木质素磺酸盐 0.5~4。

碱性调节剂可选用氢氧化钠、氢氧化钾或氨水。

（4）产品技术性能

改性脂肪酸高效减水剂技术性能见表 2-66~表 2-68。

表 2-66　水泥净浆流动度及经时损失值

时间	0min	30min	60min	90min
水泥净浆流动度及经时损失值/mm	240	235	235	230

表 2-67　砂浆减水率及泌水率比

胶砂材料配比			流动度/mm	减水率/%	泌水率比/%
水泥/g	标准砂/g	水/g			
基准值　450	1350	210	180	—	—
450	1350	166	178	21.0	75

表 2-68　混凝土抗压强度比

龄期	3d	7d	28d
抗压强度比/%	168	155	135

（5）施工及使用方法

① 掺量范围：为水泥质量的 0.5%~1.2%。适宜掺量以 0.5%~1.0%效果为佳。

② 改性脂肪酸高效减水剂溶液可与混凝土拌合水一起掺加。

③ 本品可采用同掺法、后掺法或滞水法，采用后掺法的混凝土拌合时间不得少于 30min。

配方 41　PC-5 聚醚类保塑型聚羧酸系高性能减水剂

（1）产品特点与用途

PC-5 是一种聚醚类保塑型聚羧酸高性能减水剂，分子结构多变，小分子单体的共聚比例提高，分子结构分布均匀，低掺量下具有较高的减水率和初始分散性能，分散保持性能好。使用 PC-5 减水剂配制的混凝土具有良好的和易性、坍落度及扩展度损失小的特点。本品采用一步合成法工艺，操作简单，对合成条件要求不高，生产能耗少，对环境无污染；PC-5 聚醚类保塑型减水剂对水泥适应性强，掺量低，适用于配制 C30～C100 的高流态、高保坍、高强、超高强的混凝土工程。

（2）配方

① 配合比　见表 2-69。

表 2-69　PC-5 聚醚类保塑型聚羧酸高性能减水剂配合比

原料名称	质量份	原料名称	质量份
去离子水	449.2	丙烯酸	120
甲基烯基聚氧乙烯基醚	420	过硫酸铵	85.1
烯丙基聚氧乙烯基醚	90	衣康酸	95
甲基丙烯磺酸钠	36	亚硫酸氢钠	42.6

② 配制方法

a. 在带有搅拌器、温度计、滴液漏斗、回流冷凝器的反应釜内加入 449.2kg 去离子水、420kg 甲基烯基聚氧乙烯基醚（分子量为 1200）、90kg 烯丙基聚氧乙烯基醚搅拌加热升温至 60℃；

b. 将 85.1kg 过硫酸铵溶于 482.2kg 去离子水中配制成 15% 浓度的氧化剂溶液；

c. 将 42.6kg 亚硫酸氢钠溶于 489.9kg 去离子水中配制成 8% 浓度的还原剂溶液，在 60℃ 下向反应釜内缓缓滴加氧化剂溶液和还原剂溶液，3h 滴完，60℃ 恒温反应 2h，反应结束后降温冷却至 35℃，加入 30% 氢氧化钠溶液中和调节反应液 pH 值至 6，制得浓度为 40% 的 PC-5 聚醚类保塑型聚羧酸高性能减水剂。

（3）所述过硫酸铵引发剂和氧化-还原类引发剂用量占所用单体总质量的 0.5%～15%，过硫酸铵水溶液浓度为 1%～15%，所述氧化还原剂的用量占所用单体总质量的 0.1%～5%。

所述碱性溶液为氢氧化钠、氢氧化钾、乙二胺、三乙醇胺等中的一种。

（4）产品技术性能　见表 2-70。

表 2-70　PC-5 聚醚类保塑型聚羧酸高性能减水剂匀质性指标

项目名称	技术指标	项目名称	技术指标	
外观	淡黄色透明液体	抗压强度比/%	1d	≥140
浓度/%	40		3d	≥130
减水率/%	25～30		7d	≥125
泌水率比/%	≤90		28d	≥120
含气量/%	≥3.0	收缩率比/%	≤135	

续表

项目名称	技术指标	项目名称	技术指标
pH 值	6~7	对钢筋锈蚀作用	对钢筋无锈蚀危害
水泥净浆流动度/mm	215		

（5）施工及使用方法

PC-5 聚醚类保塑型聚羧酸高性能减水剂的掺量范围为水泥质量的 0.4%~1.0%。可根据与水泥的适应性、气温的变化和混凝土坍落度等要求，在推荐范围内调整确定最佳掺量。PC-5 聚羧酸系高性能减水剂的水溶液可按计量直接掺入混凝土搅拌机中使用。

配方 42　保坍型聚羧酸系高性能减水剂

（1）产品特点与用途

保坍型聚羧酸系高性能减水剂具有高稳定性，掺量低、减水率高，对水泥适应性广泛、无泌水、保坍能力强，可适用于不同标号混凝土。无论是对中、小坍落度混凝土或大坍落度混凝土都具有良好的保坍效果。

本品对聚羧酸系高性能减水剂品种的适应性好，与各种类型的聚羧酸系高性能减水剂复配使用都具有良好的坍落度保持能力。保坍型聚羧酸系高性能减水剂不延长混凝土凝结时间，有利于冬季施工。特别适用于制作要求低泌水、高保坍、高强、高耐久性混凝土等，可用于配制标准抗压强度等级在 C25 至 C50 及以上的高性能混凝土。

（2）配方

① 配合比　见表 2-71。

表 2-71　保坍型聚羧酸系高性能减水剂配合比

原料名称	质量份	原料名称	质量份
乙氧基封端烯丙基聚亚烷基乙二醇醚	380	甲基丙烯酸羟乙酯	8
抗坏血酸	1.0	叔丁基过氧化氢	2.5
丙烯酸	10	30%液碱	35
烯丙基磺酸钠	3.5	去离子水	适量

② 配制方法　在反应釜中加入 380kg 乙氧基封端烯丙基聚亚烷基乙二醇醚、220kg 去离子水，升温至 75℃并搅拌均匀使其溶解于水中，然后加入 2.5kg 叔丁基过氧化氢搅拌 0.5h。取 1kg 抗坏血酸溶于 180kg 去离子水中配成 A 滴加液。取 10kg 丙烯酸、8kg 甲基丙烯酸羟乙酯和 3.5kg 烯丙基磺酸钠溶于 145kg 去离子水中，配制成 B 滴加液；在 3~4h 内，同时将 A、B 两液均匀地滴加入反应釜中，滴加时将 A 液比 B 液稍晚 0.5h 滴完，A、B 两液滴加完毕后搅拌、保温 75℃反应 2h，加入 30%

的液碱溶液 35kg，继续搅拌反应 0.5h 即可。

（3）质量份配比范围　本品各组分质量份配比范围为：不饱和聚氧乙烯醚 320~420，共聚单体 a 10~70，共聚单体 b 2~30，氧化剂 0.1~5，还原剂 0.1~5，水 550~600。

所述的不饱和聚氧乙烯醚系乙氧基封端烯丙基聚亚烷基乙二醇醚单体，共聚单体 a 优选丙烯酸，共聚单体 b 优选烯丙基磺酸钠、甲基丙烯酸羟乙酯。

所述的氧化剂是叔丁基过氧化氢；还原剂为抗坏血酸；碱性调节剂为 30% 氢氧化钠水溶液。

（4）产品技术性能

当掺量为水泥质量的 0.35% 时，60min 混凝土拌合物坍落度可达 195mm，水泥净浆流动度 215mm，混凝土拌合物的流动性好，坍落度损失小。2h 坍落度基本不损失，其高工作性可保持 6~8h，很少存在泌水、分层现象。本品应用于不同标号的混凝土时掺量随混凝土标号调整，比传统萘系等外加剂掺量低，混凝土减水率高，可明显改善混凝土和易性、保水性、可泵性，提高混凝土保坍性，大幅度提高硬化混凝土后期强度。按 GB/T 8077—2012 检测标准检测，保坍型聚羧酸系高性能减水剂减水率高、保坍性能好。

（5）施工及使用方法

本品掺量为水泥用量的 0.5%~1.0%，可根据与水泥的适应性、气温的变化和混凝土坍落度等要求，在推荐范围内调整确定最佳掺量。保坍型聚羧酸系高性能减水剂溶液按计量可与拌合水直接掺入混凝土搅拌机中使用。

配方 43　改性聚羧酸系高性能减水剂

（1）产品特点与用途

本品用聚丙烯酸（PAA）代替传统工艺中的聚乙二醇单甲醚（MPEG）形成侧链，产生物理的空间阻碍作用，防止水泥颗粒凝聚，保持分散性；长侧链的聚羧酸系减水剂具有较好的流动度保持性，而短侧链的聚羧酸系减水剂具有较好的初始流动度。PAA 与带有酰胺基的胺类化合物（PN-220）发生聚合反应，PN-220 具有增强减水效果，改善坍落度保持性的作用。本品合成为棕色透明液体，浓度 15%~65%，具有高减水率和良好的坍落度保持性。与现有工艺相比，以 PAA 为原材料的改性聚羧酸系减水剂的合成工艺反应时间短，工艺简单，反应产物的性能稳定，尤其是能够改善混凝土的坍落度保持性，坍落度损失小，适用于配制高强、高耐久性、自密实的高性能混凝土。

（2）配方

① 配合比　见表 2-72。

表 2-72　改性聚羧酸系高性能减水剂配合比

原料名称	质量份	原料名称	质量份

续表

原料名称	质量份	原料名称	质量份
聚丙烯酸（PAA）	50	过硫酸钠	4
PN-220	150	氢氧化钠	4
水	800	二异丙苯过氧化物（DCP）	2

② 配制方法

a. 按质量份计量称取聚丙烯酸、带有酰胺基的胺类化合物和水，依次加入反应釜，搅拌混合均匀。

b. 加热合成：向反应釜内通入保护气体氮气，插上冷凝管，加入引发剂过硫酸钠、二异丙苯过氧化物，在80~240℃温度下，保温反应2~8h。

c. 中和：待反应物冷却至40℃后，用30%氢氧化钠溶液中和至pH值为6.8~7.2，混合均匀，即制得改性聚羧酸系高性能减水剂。

（3）质量份配比范围　本品各组分质量份配比范围为：聚丙烯酸（PAA）38~50，PN-220 100~150，水800~1000，过硫酸钠3~4，氢氧化钠3~4，二异丙苯过氧化物（DCP）1.5~2。

（4）产品技术性能

① 减水率16%~30%。

② 坍落度增加值≥16cm。

③ 0.5h、1h坍落度保留值分别≥20cm、≥15cm。

④ 泌水率比≤95%。

⑤ 含气量≤3.5%。

⑥ 3d、7d、28d强度分别提高≥60%、≥40%、≥25%。

（5）施工及使用方法

改性聚羧酸系高性能减水剂的掺量范围为水泥质量的0.5%~1.2%。

配方44　粉体聚羧酸系高性能减水剂

（1）产品特点与用途

本品从理论上限定了只要控制聚羧酸系减水剂聚合物的短侧链与长侧链的比例范围，即控制大分子单体与小分子单体的摩尔比，聚羧酸系减水剂聚合物就可以很容易地进行喷雾干燥，所得粉末具有很好的流动性和可溶性。本品制备的粉体聚羧酸系减水剂的固含量高，大于等于97%，可降低输送、储存的难度，可使用纸质包装，降低包装成本，并且储存稳定性好，储存期长。

粉体聚羧酸系高性能减水剂可广泛适用于C15~C70预拌商品混凝土、大流动性混凝土、高强泵送混凝土、自密实混凝土、大体积混凝土、桥梁工程混凝土等。

（2）配方

① 配合比　见表2-73 A、表2-73 B、表2-73 C。

表 2-73 A　大单体配合比

原料名称	质量份	原料名称	质量份
单甲氧基聚乙二醇醚 2000	530	98%浓硫酸	16
单甲氧基聚乙二醇醚 1200	250	吩噻嗪	0.8
丙烯酸	50		

表 2-73 B　聚羧酸系减水剂水溶液配合比

原料名称	质量份	原料名称	质量份
大单体	200	丙烯腈	2
十二烷基硫醇	2	蒸馏水	180
丙烯酸	25	过硫酸铵(用 80~110 份水溶解)	7

表 2-73 C　聚羧酸系减水剂粉末配合比

原料名称	质量份	原料名称	质量份
聚羧酸减水剂水溶液	5000	碳酸钙	180

② 配制方法

a. 大单体的制备：依次将各组分加入装有温度计、搅拌器、滴定装置和油水分离器的反应釜中，加热至 110~150℃，保温反应 6~9h，真空维持在 0.07~0.09MPa，使反应体系生成的水分离出来。

b. 聚羧酸系减水剂水溶液制备：称取 80kg 水于反应釜中，开启搅拌机，并水浴加热至 75~85℃，在此时滴加上述制备大单体、十二烷基硫醇、丙烯酸、丙烯腈、100kg 蒸馏水的混合物，3h 滴完，同时滴加过硫酸铵与蒸馏水的混合物，3.5h 滴完，并控制反应温度至 81℃±2℃，滴加完后保温反应 1.5h，保温反应完后降温至 40℃，用液碱中和调 pH 值至 6~8 即制得聚羧酸系减水剂溶液。

c. 聚羧酸系减水剂粉末制备：取上述制得的聚羧酸减水剂溶液 5000kg，用泵打入到离心喷雾干燥塔中，同时在进风管道均匀加入 1250 目的碳酸钙，热风进口温度控制在 100~250℃之间，出口温度控制在 80℃左右，即可制得流动性很好的聚羧酸系减水剂粉末。

（3）质量份配比范围

本品各组分质量份配比范围为：大单体 200，十二烷基硫醇 0.6~3，丙烯酸 0~41，丙烯腈 0~2，蒸馏水 180，过硫酸铵（用 80~110 份水溶解）7~12。

所述的引发剂为过硫酸铵，链转移剂为十二烷基硫醇。

所述的单甲氧基聚乙二醇醚的分子量在 600~2000。

所述不饱和羧酸为丙烯酸、阻聚剂为吩噻嗪，催化剂系浓硫酸，小分子单体是丙烯酸、丙烯腈中的一种。

所述的防黏剂是 1250 目的碳酸钙。

（4）产品技术性能见表 2-74。

表 2-74 粉体聚羧酸系高性能减水剂匀质性指标

试验项目	指标	试验项目	指标
外观	淡黄色粉末	固含量/%	≥97
减水率/%	45.2	泌水率比/%	≤100
氯离子含量/%	≤0.05	总碱量	≤2.0
水泥净浆流动度/mm	≥312	硫酸钠含量	≤0.5
pH 值	8.0±1.5	收缩率比（90d）/%	≤105

（5）施工及使用方法

① 本品掺量为水泥用量的 0.6%~1.5%，可根据与水泥的适应性、气温的变化和混凝土坍落度等要求，在推荐范围内调整确定最佳掺量。

② 按计量，直接掺入混凝土搅拌机中使用。

③ 在使用本产品时，应按混凝土试配事先检验与水泥的适应性。

④ 在与其他外加剂合用时，宜先检验其共容性。

配方 45 PC-4 高减水高保坍型聚羧酸系高性能减水剂

（1）产品特点与用途

本品根据分子设计原理，可以充分地调节聚羧酸分子主链和侧链结构，完全解决了传统聚羧酸减水剂对骨料敏感、坍落度损失快、无法卸料的缺点，实现聚羧酸高性能减水剂高减水高保坍双重功能。PC-4 聚羧酸高性能减水剂具有高减水、高保坍、对水泥适应性广泛、大大提高混凝土的和易性和耐久性、混凝土坍落度损失小等特点。本品制备工艺简单，常温合成，不需加热，反应过程易于控制，无溶剂污染，节能环保，清洁生产，属于绿色环保产品，适用于配制高性能混凝土。

（2）配方

① 配合比 见表 2-75。

表 2-75 PC-4 高减水高保坍型聚羧酸系高性能减水剂配合比

原料名称		质量份
A 料	L-抗坏血酸	0.1
	去离子水	20
B 料	丙烯酸	7.2
	巯基丙酸	0.1
	去离子水	40
去离子水		97
不饱和甲基烯基聚氧乙烯醚（$M_w = 2200$）		60

原料名称	质量份
30%双氧水	0.13
氢氧化钠溶液	适量

② 配制方法

a. 按配比质量份称取 L-抗坏血酸 0.1kg、去离子水 20kg 投入 1#搅拌罐中，搅拌混合均匀制得 A 料；

b. 称取丙烯酸 7.2kg，巯基丙酸 0.1kg，加入 40kg 去离子水中，投入 2#搅拌罐中，搅拌混合均匀制得 B 料；

c. 聚合：称取去离子水 97kg，不饱和甲基烯基聚氧乙烯醚（M_w = 2200）60kg，加入带有搅拌器、温度计、滴液冷凝装置的反应釜中，充分搅拌溶解均匀，加入 30% 的双氧水 0.13kg，搅拌均匀，恒温至 30℃，同时分别滴加 A、B 料，A 料滴加 3.5h，B 料滴加 3h，滴加完毕后保温反应 2h，用 30%氢氧化钠溶液中和至 pH 值 7～9，即制得固含量 30%PC-4 高减水高保坍型聚羧酸系高性能减水剂。

（3）质量份配比范围　本品各组分质量份配比范围为：不饱和甲基烯基聚氧乙烯醚（A）、链转移剂（B）、不饱和酸和不饱和酸衍生物中的一种或一种以上的混合物（C）、氧化剂（D）、还原剂（E）摩尔比为 1∶（0.01～0.5）∶（2～8）∶（0.08～0.5）∶（0.02～0.3）。

所述的不饱和甲基烯基聚氧乙烯醚的平均相对分子质量在 1000～3300 之间。

所述的链转移剂为巯基丙酸、不饱和酸为丙烯酸、氧化剂为过氧化氢、还原剂为 L-抗坏血酸，水为去离子水，所述的碱溶液为氢氧化钠水溶液。

（4）产品技术性能

① 在水泥用量和坍落度相同的条件下，使用本品可减少拌合用水量的 15%～30%；其第 1 天的强度可提高 40%～50%，第 3 天强度再增 30%～40%，第 28 天强度再增 10%～20%。

② 在相同的水泥用量及水灰比不变的条件下，使用本品可明显改善混凝土的和易性，坍落度可增加 1.0～7.5 倍。

③ 在坍落度和强度基本相同的情况下，使用本品可节约水泥用量的 1.0%～1.5%。

④ 本品对钢筋无危害，对混凝土收缩无不良影响，可改善和提高混凝土各种力学性能和抗渗等耐久性能。

（5）施工及使用方法

PC-4 高减水高保坍型聚羧酸系高性能减水剂的掺量为水泥用量的 0.5%～1.2%。

配方 46　超高效聚羧酸系高性能减水剂

（1）产品特点与用途

超高效聚羧酸系高性能减水剂具有掺量低，减水率高，减水率最高可至 48%，与各种水泥适应性好，尤其是对于高铝含量的水泥，仍然具有很好的流动性。本品制备工艺简单，制备过程无需通入氮气，合成工艺简单，产品成本低，大单体制备中，酯化率较高，产品成本低，反应体系中不含有 Cl^-，对建筑材料无腐蚀作用，绿色环保无污染。将本品添加入混凝土中，无泌水现象，可单独使用，亦可与其他类型减水剂复合使用。超高效聚羧酸系高性能减水剂适用于长途运输的商品混凝土和泵送混凝土。

（2）配方

① 配合比　见表 2-76 和表 2-77。

表 2-76　制备大分子单体 A，甲氧基聚乙二醇丙烯酸酯（MPEGAA）

原料名称	质量份	原料名称	质量份
甲氧基聚乙二醇(MPEG)	20	阻聚剂对苯二酚	0.0108
环己烷	2.18	丙烯酸	1.80
催化剂对甲苯磺酸	0.98		

表 2-77　制备超高效聚羧酸系高性能减水剂

原料名称	质量份	原料名称	质量份
MPEGAA	30.81	丙烯酰胺	106.5
丙烯酸	54	25%氢氧化钠	适量
过硫酸铵	2.99	水	适量
烯丙基磺酸钠	108		

② 配制方法

a. 制备大分子单体 A：将甲氧基聚乙二醇（$n = 20 \sim 45$）和带水剂环己烷、催化剂对甲苯磺酸、阻聚剂对苯二酚加入到反应釜中，加热熔融后加入丙烯酸，搅拌下升温至 $100 \sim 130℃$，恒温反应 $5 \sim 8h$，然后用环己烷作沉淀剂将产物进行冰浴提纯，随后送入 30℃ 真空干燥箱中干燥 24h，即得大分子单体 A。

b. 将大分子单体 A 和丙烯酸配成 40% 水溶液 B，将引发剂过硫酸铵配成 5% ~ 15% 的水溶液。

c. 将烯丙基磺酸钠和丙烯酰胺的混合物配置成 30% ~ 40% 的水溶液 D，将水溶液 B 和水溶液 C 滴加入水溶液 D 中，滴加时间控制在 1 ~ 2h 内；滴加结束后，将体系温度升至 $75 \sim 85℃$，继续反应 2h，待冷却至 40℃ 用 25%NaOH 溶液调节体系 pH 值至 6 ~ 7，所得产物即为超高效聚羧酸系高性能减水剂。

（3）质量份配比范围　本品各组分质量份配比范围为：MPEGAA 25 ~ 32，丙烯酸 38 ~ 54，过硫酸铵 2 ~ 3，烯丙基磺酸钠 100 ~ 110，丙烯酰胺 95 ~ 110，25%氢氧化钠、水适量。

（4）产品技术性能

超高效聚羧酸系高性能减水剂的产品质量标准见表 2-78。

表2-78　超高效聚羧酸系高性能减水剂匀质性指标

项目名称	指标	项目名称	指标	
外观	棕黄色液体	氯离子含量/%	0.02	
固含量/%	40.0±1.0	密度/(g/cm³)	1.07±0.005	
水流净浆流动度/mm	215	收缩率比/%	≤135	
pH值	6~7	凝结时间差/min	−90~+12	
碱含量/%	2.02	抗压强度比/%	1d	≥145
减水率/%	48		3d	≥135
泌水率比/%	≤95		7d	≥150
含气量	≥3.0			

（5）施工及使用方法

本品掺量范围为水泥质量的0.5%~1.2%，常用掺量为0.8%，可根据与水泥的适应性、气温的变化和混凝土坍落度等要求，按计量，在推荐范围内直接掺入混凝土搅拌机中使用。

配方47　超高强混凝土泵送减水剂

（1）产品特点与用途

本品具有保塑、增强性能，使泵送混凝土既具有超高强度又能超高泵送，使制造的混凝土具有140MPa的超高强度，能超高泵送300m以上。改变现有高性能泵送混凝土单纯使用聚羧酸高效减水剂和硅粉的生产配制方法，使所生产的混凝土的流动性、强度和耐久性均优于现有泵送混凝土。超高强混凝土泵送减水剂适用于配制高性能泵送混凝土、商品搅拌混凝土、大体积混凝土、钢筋混凝土、轻骨料混凝土、桥梁、建筑、水工和路面等结构。

（2）配方

① 配合比　见表2-79。

表2-79　超高强混凝土泵送减水剂配合比

原料名称		质量份
A剂	萘系高效减水剂	45
	天然沸石超细粉	55
B剂	对氨基苯磺酸钠	165
	苯酚	15
	氢氧化钠	15
	尿素	15
	三乙醇胺	3
	甲醛	190
	水	500

续表

原料名称	质量份
A∶B	1∶1.5

② 配制方法

a. A 剂制备：依次将各组分混合均匀即可。

b. B 剂制备：按配方称量对氨基苯磺酸钠 165kg、苯酚 15kg、氢氧化钠 15kg、三乙醇胺 3kg、水 500kg 投入反应釜中边搅拌、边加热升温至 88℃；然后称取甲醛 190kg 缓慢加入反应釜中，在 1.2h 内加完；再称取尿素 15kg 加入反应釜中，升温 92℃继续搅拌，保温反应 8.2h，降温至 40℃出料制得 B 剂。

c. 将 A 剂与 B 剂按 1∶1.5 比例混合搅拌均匀即制得超高强混凝土泵送减水剂。

（3）质量份配比范围　本品各组分质量份配比范围为：所述的超高强混凝土泵送减水剂由 A 剂和 B 剂组成，A 剂与 B 剂组分的质量比为 1∶1.5。其中 A 剂各原料的配比范围为：萘系高效减水剂 40~50，天然超细沸石粉 50~60，B 剂组分为固含量 33%的氨基苯磺酸盐高效减水剂，组成如下：对氨基苯磺酸钠 165、苯酚 15、氢氧化钠 15、尿素 15、三乙醇胺 3、甲醛 190、水 500。

（4）产品技术性能

超高强混凝土泵送减水剂的匀质性指标见表 2-80。

表 2-80　超高强混凝土泵送减水剂匀质性指标

检测项目		控制指标	测试结果
固含量/%		35.5±0.5	35.8
密度/(g/cm^3)		1.100±0.005	1.0088
pH 值		8.5±0.5	8.4
净浆流动度增加值/mm		≥30	45
1d 坍落度经时变化量/mm		≤80	25
减水率/%		≥25	30
泌水率比/%		≤60	25
含气量/%		≤6.0	1.8
凝结时间差/min	初凝	−90~+120	+115
	终凝		−110
抗压强度比/%	1d	≥170	200
	3d	≥160	195
	7d	≥150	191
	28d	≥140	179

（5）施工及使用方法

超高强混凝土泵送减水剂的掺量为水泥质量的 1%～1.5%。按计量，直接掺入拌合水或混凝土中，搅拌时间适当延长。

配方 48　合成聚羧酸系高性能混凝土减水剂

（1）产品特点与用途

本品合成的聚羧酸系高性能混凝土减水剂，减水率高，混凝土增强性能好，具有高保坍功能，混凝土 2h 坍落度基本不损失，和易性好，混凝土泵送阻力小，便于输送；混凝土表面无泌水线、不引气，混凝土外观质量好，碱含量低；抗冻性和抗碳化能力较普通混凝土显著提高，产品适应性强，适用于多种规格、型号的水泥。合成聚羧酸类高性能混凝土减水剂具有性能稳定，便于长期储存，产品无毒，不含甲醛，对环境安全等特点，适宜配制高强、超高强、高流动性及自密实混凝土。

（2）配方

① 配合比　见表 2-81。

表 2-81　合成聚羧酸系高性能混凝土减水剂配合比

原料名称		质量份
酯化单体	聚乙二醇单甲醚	500
	甲基丙烯酸	173
	对苯二酚	0.3
	98%的硫酸	3.5
	水	适量
	30%氢氧化钠	适量
	巯基丙酸	1
	软水	适量
聚合反应	软水	1360+800
	酯化单体	2000
	过硫酸铵	34
	30%氢氧化钠	适量

② 配制方法

a. 酯化反应：在真空状态下将聚乙二醇单甲醚（MPEG）500kg、甲基丙烯酸173kg 投入反应釜内，升温 70～80℃加入对苯二酚 0.3kg，升温至 85℃时加入浓度为98%的硫酸 3.5kg 进行酯化反应，并继续升温至 110～120℃，进行保温反应 5h。酯化反应在氮气保护下进行，然后用软水稀释至浓度为 73%，用浓度为 30%的氢氧化钠溶液中和调节 pH 值至 3.5～4.0，降温至 45℃，加入链转移剂巯基丙酸 1kg 搅拌均匀，降温至 43℃出料制得酯化单体 925kg，备用。

b. 聚合反应：

（a）往反应釜中加入软化水 1360kg，然后称取酯化单体 2000kg、软化水 800kg

分别打入两个高位槽中；

（b）称取过硫酸铵34kg加入到盛有软化水的高位槽中并搅拌使其充分溶解；

（c）将反应釜加热升温至50~55℃，并通入氮气保护，然后升温至90~95℃，开启两个高位槽，向反应釜内缓缓滴加酯化单体和加有过硫酸铵的软化水，滴加时间为2h；滴加结束后保温90~95℃，反应4h。保温反应结束后，降温至45℃加入浓度30%的氢氧化钠溶液进行中和，调节pH值至7.0±1.0即制得固含量为40%的聚羧酸类高性能混凝土减水剂。

（3）产品技术性能

本品是一种合成聚羧酸系高性能混凝土减水剂，混凝土的减水率随聚羧酸系高性能混凝土减水剂掺量的增加而提高，当掺量为水泥质量的1%时，减水率高达32%，由于其较高的减水率，混凝土各龄期强度比空白均有很大的提高，无论是早期强度还是28d强度，抗压强度比都在150%以上，大大高于国家标准规定的高性能减水剂一等品抗压强度比指标。所测出的减水率也远在国标规定指标之上，非常适合配制大流动性的高强高性能混凝土，其中3d强度比达到205%，7d强度比达到192%，28d强度比达到160%，所以合成聚羧酸系高性能混凝土减水剂具有减水率高、抗压强度高等优异性能，适宜配制高强、超高强混凝土。

（4）施工及使用方法

本品掺量为水泥用量的0.5%~1.2%，可根据与水泥的适应性、气温的变化和混凝土坍落度等要求，在推荐范围内调整确定最佳掺量。

配方49　缓释型聚氧乙烯醚聚羧酸系高性能减水剂

（1）产品特点与用途

本品是一种缓释型聚羧酸系高性能减水剂，其合成单体不饱和聚氧乙烯醚使用甲氧基聚乙二醇烯丙基封端聚醚，从而使得共聚产物的副产物大大减少、相对分子质量分布窄，从而使合成出来的减水剂减水率高、坍落度保持性能好；同时采用低活化能的氧化还原体系引发单体共聚，常温即能聚合，达到产品的无热源法生产，简化了生产设备，降低了能耗成本。水溶液体系的聚合方法，避免了有机溶剂带来的环境污染。聚羧酸系减水剂的生产本身无三废排放，加上常温生产、水溶液体系合成的方法可以满足该减水剂生产过程绿色化的要求。

缓释型聚羧酸系高性能减水剂适用于配制C30~C100的高流态、高保坍、高强、超高强的混凝土工程。

（2）配方

① 配合比　见表2-82。

表2-82　缓释型聚氧乙烯醚聚羧酸系高性能减水剂配合比

原料名称	质量份	原料名称	质量份
甲氧基聚乙二醇烯丙基端聚醚	380	次磷酸钠	1.2

原料名称	质量份	原料名称	质量份
水	215	丙烯酸	38
双氧水	1.6	30%的液碱	50
巯基乙醇	0.6		

② 配制方法

a. 在反应釜中加入甲氧基聚乙二醇烯丙基端聚醚 380kg、水 215kg，混合搅拌使其溶解，然后加入双氧水 1.6kg 搅拌 0.5h；

b. 取巯基乙醇 0.6kg 和次磷酸钠 1.2kg，溶于 180kg 水中，作为滴加液 A；

c. 取丙烯酸 38kg 溶于 130kg 水中，作为滴加液 B；

d. 将 A、B 两液在 3~4h 内同时均匀地滴加入反应釜中，滴加时 A 液需比 B 液稍晚 0.5h 滴完。此间反应釜的温度会略有上升，控制其反应温度不超过 40℃，A、B 两液滴加完后继续搅拌 1h，加入 30%的液碱 50kg 中和，继续搅拌 30min，使反应液 pH 值调至 6~7 即制得成品。

（3）质量份配比范围　本品各组分质量份配比范围为：不饱和聚氧乙烯醚 250~480；共聚单体 10~80；氧化剂 0.1~5；还原剂 0.1~5；链转移剂 0.1~5；水 500~600。

所述的不饱和聚氧乙烯醚为甲氧基聚乙二醇烯丙基封端聚醚；氧化剂为双氧水；链转移剂为巯基乙醇；还原剂为次磷酸钠；碱性调节剂为氢氧化钠。

所述的共聚单体优选丙烯酸、甲基丙烯酸，可以单独使用也可以两种混合使用。

（4）产品技术性能　见（1）产品特点与用途。

（5）施工及使用方法

本品掺量为水泥用量的 0.5%~1.2%，可根据与水泥的适应性、气温的变化和混凝土坍落度等要求，在推荐范围内调整确定最佳掺量。缓释型聚羧酸系高性能减水剂的溶液可按计量直接掺入混凝土搅拌机中使用。

配方 50　烯丙基聚乙二醇合成聚羧酸系高性能减水剂

（1）产品特点与用途

掺用烯丙基聚醚合成聚羧酸系高性能减水剂比普通减水剂多节约水泥用量 20% 以上，每吨烯丙基聚醚型聚羧酸盐高性能减水剂可多节约水泥 15~25t，多使用工业废料 30~50t，可减少二氧化碳排放量 40~50t，节电 500~1000kW·h。提高工程质量延长使用寿命 30%~50%，使混凝土实现高性能、多功能、超耐久性能，大幅度提高混凝土的品质，降低生产成本、节约水泥用量，大幅度提高工业废料的使用量，减少环境污染。

本品主要应用于配制高性能混凝土、高强混凝土、大流动混凝土、自密实混凝土、预应力混凝土、泵送混凝土、商品混凝土及其抗渗抗冻混凝土、抗冲耐磨混凝土、抗蚀防腐混凝土、抑制碱骨料活性混凝土、高强无收缩灌浆混凝土工程等。

（2）配方

① 配合比　见表 2-83。

表 2-83　烯丙基聚乙二醇合成聚羧酸盐高性能减水剂配合比

原料名称		质量份
A 液	去离子水	143
	烯丙基聚乙二醇	29
B 液	去离子水	320
	马来酸酐	105
	丙烯酰胺	54
去离子水		1100
烯丙基聚乙二醇醚		1650
马来酸酐		70
引发剂乙酸乙烯酯		60
过氧化氢		39
30%氢氧化钠溶液调节 pH 值为 5.5~7.5		455
去离子水		1000

② 配制方法

a. A 液制备：称取烯丙基聚乙二醇 29kg 与去离子水 143kg 混合搅拌、充分溶解后抽入滴加计量罐中备用。

b. B 液制备：称取去离子水 320kg、马来酸酐 105kg、丙烯酰胺 54kg 混合溶解后抽入滴加计量罐中备用。

c. 称取去离子水 1100kg 加入聚合反应釜中，加热升温至 100℃加入单体烯丙基聚乙二醇醚 1650kg 使其完全溶解。

d. 将聚合反应釜中溶解温度控制在 25~55℃时，加入引发剂乙酸乙烯酯 60kg、过氧化氢 39kg 拌合 40min，使其混合溶解均匀。

e. 将 A 液按 150~250min 的时间均匀滴加到聚合反应釜中，待 A 液滴加 5min 后将 B 液按 120~200min 时间滴加到反应釜中，使其充分聚合反应。

f. A 液滴加完毕后，将反应釜温度控制在 30~100℃，保温反应 40~90min，然后降温至 50℃，用 30%的氢氧化钠溶液 455kg 加入到反应釜中进行中和反应，调节反应液 pH 值至 5.5~7.5，即制得固含量≥50%的烯丙基聚醚型聚羧酸盐高性能减水剂母液，再加 20%的去离子水即制得固含量≥40%的烯丙基聚醚型聚羧酸盐高性能减水剂。

（3）质量份配比范围　本品各组分质量份配比范围为：A 液，去离子水 30 ~ 1480、烯丙基聚乙二醇 28 ~ 30。B 液，去离子水 67.5 ~ 700，马来酸酐 40 ~ 70，丙烯酰胺 30 ~ 64。

（4）产品技术性能　见表 2-84。

表 2-84　烯丙基聚乙二醇合成聚羧酸盐高性能减水剂性能指标

检测项目		性能指标		实测值
pH 值(5%水溶液)		6.0 ~ 8.0		6.5
固体含量/%	≥	20 ~ 30		21.0
氯离子含量/%	≤	0.2		0.005
总碱量/%	≤	3.0		1.8
净浆流动度/mm	≥	200		250
减水率/%	≥	25		28.0
含气量/%	≤	6.0		3.5
泌水率比/%	≤	60		10
1h 坍落度保留值/mm	≥	150		150
凝结时间差/min		−90 ~ +90		−30
抗压强度比/%	≥	1d	170	210
		3d	160	189
		7d	150	160
		28d	140	158
收缩率比/%	≤	28d	110	98
对钢筋锈蚀作用		无锈蚀		无锈蚀

（5）施工及使用方法

① 本品掺量范围为水泥质量的 0.5% ~ 1.2%，可根据与水泥的适应性、气温的变化和混凝土坍落度等要求，在推荐范围内调整确定最佳掺量。

② 按计量直接掺入混凝土搅拌机中使用。

③ 在使用本产品时，应按混凝土配合比事先检验与水泥的适应性。

配方 51　甲基丙烯酸类聚羧酸系高性能减水剂

（1）产品特点与用途

本品酯化反应中，选择分子量为 2000 ~ 5000 的甲氧基聚乙二醇进行接枝，高聚合度的甲氧基聚乙二醇在保证混凝土浆体良好的初始流动度情况下，有效缩短了混凝土的凝结时间，提高了混凝土的抗压强度。聚合与酯化两步反应中，主要反应单体选择甲基丙烯酸，缩短了反应单体活性的差距，利于聚合反应进行。采用本品配制的混凝土表面无泌水线、无大气泡、色差小、外观质量好，抗冻融能力和抗碳化能力显著提高，28d 收缩率较萘系类高效减水剂低 20%以上。产品长期贮存不分层、无沉淀，冬季无结晶；碱含量低，不含氯离子，对钢筋无腐蚀；不含甲醛，无毒无污染，对环境安全。本品具有以下特点：

① 低掺量（0.2%~0.5%）而发挥高的分散性能；

② 保坍性好，90min 内坍落度基本无损失；

③ 分子结构上自由度大、外加剂制造技术上可控制的参数多，高性能化的潜力大；

④ 由于合成中不使用甲醛，因而对环境不造成污染；

⑤ 与水泥和其他种类的混凝土外加剂相溶性好；

甲基丙烯酸类聚羧酸系高性能减水剂适用于配制高性能、高强混凝土。

（2）配方

① 配合比　见表 2-85。

表 2-85　甲基丙烯酸类聚羧酸系高性能减水剂配合比

原料名称	质量份	原料名称	质量份
甲氧基聚乙二醇（分子量为 1500）	80	水	105.27
甲基丙烯酸	26	甲基丙烯酸	7.11
阻聚剂吩噻嗪	1.31	10%的过硫酸铵溶液	45
对甲基苯磺酸	5	30%的氢氧化钠溶液	调节 pH=6~7

② 配制方法

a. 酯化反应：往反应釜中加入已溶解的甲氧基聚乙二醇（分子量为 1500）80kg，加热升温至 80~105℃，然后加入甲基丙烯酸 26kg，再依次加入阻聚剂吩噻嗪 1.31kg、对甲基苯磺酸 5kg，再继续升温至 120~130℃，保温反应 5~7h，制得大单体甲氧基聚乙二醇甲基丙烯酸酯。

b. 聚合反应：将 a 酯化反应制得的大单体甲氧基聚乙二醇甲基丙烯酸酯加热融化，升温 70~80℃，然后加入水 105.27kg 溶解搅拌均匀，继续升温至 85~95℃时，开始同时滴加甲基丙烯酸 7.11kg 和 10%的过硫酸铵溶液 45kg，滴加时间为 4h，滴加完后升温至 90~100℃、恒温反应 2h 后，冷却至 50~60℃以下，滴加 30%的氢氧化钠溶液中和调节 pH 值至 6~7，即制得浓度为 30%甲基丙烯酸类聚羧酸系高性能减水剂。

（3）产品技术性能　见（1）产品特点与用途。

（4）施工及使用方法

本品应用于在 -20~0℃ 的负温内复配高性能混凝土防冻剂，掺量为水泥质量的

0.2%~0.5%，使用时可将本剂直接掺于高性能混凝土聚羧酸系液体防冻剂中混合搅拌均匀即可。

第**3**章

高强高性能混凝土矿物外加剂

我国《高强高性能混凝土矿物外加剂》（GB/T 18736—2017）标准中，对矿物外加剂定义为：在混凝土搅拌过程中加入的、具有一定细度和活性的、用于改善新拌和硬化混凝土性能（特别是混凝土耐久性）的某些矿物类产品。其特征是磨细矿物材料，细度比水泥颗粒小，主要用于改善混凝土的耐久性和工作性能。矿物外加剂代号用 MA 表示，也称矿物细掺料。

3.1 高强高性能混凝土矿物外加剂的主要特点及适用范围

高强高性能混凝土中活性矿物掺合料是必要的组分之一，它可降低混凝土温升，减少水泥用量，改善工作性，增进后期强度，并可改善混凝土内部结构，提高混凝土耐久性和抗侵蚀作用能力、抑制碱-骨料反应等。高强高性能混凝土中掺有矿物外加剂（掺合料），如粉煤灰、磨细矿渣粉、磨细沸石凝灰岩粉、硅灰、偏高岭土粉或其中几种的复合使用。磨细矿渣是指炼铁高炉熔渣经水淬而成的粒状矿渣，然后干燥磨细并掺有一定量石膏粉。粉煤灰是发电厂用煤粉作能源用干排法排出的烟道灰磨细而成。磨细沸石凝灰岩粉是由一定品位的沸石凝灰岩经磨细至规定细度而成的粉。硅粉是冶炼硅铁合金时经烟道排出的硅蒸气氧化冷凝后收集得到的以无定形二氧化硅为主要成分的微细粉末。偏高岭土是高岭土在 700℃脱水后粉磨得到的人工制备的活性矿物外加剂。此外石灰岩破碎并磨细的石灰石粉也是矿物外加剂的一种。矿物外加剂常在混凝土中复合使用。

由于矿物外加剂的主要成分为氧化硅、氧化铝，具有火山灰活性，在混凝土中可代替部分水泥以改善混凝土性能。矿物外加剂适用于各类预拌混凝土、现场搅拌混凝土和预制构件混凝土。特别适用于高强混凝土、高性能混凝土、大体积混凝土、地下/水下工程混凝土、压浆混凝土和碾压混凝土等。

3.2　高强高性能混凝土矿物外加剂的分类及主要品种

高强高性能混凝土矿物外加剂按其品质大体上分为四类。

（1）有胶凝性（或称潜在活性）的。如粒化高炉矿渣粉、水硬性石灰。

（2）有火山灰性的。火山灰性系指其本身没有或极少有胶凝性，但其粉末状态在有水存在时，能与 $Ca(OH)_2$ 在常温下发生化学反应，生成具有胶凝性的组分。如粉煤灰、硅灰。

（3）同时具有胶凝性和火山灰性。如高钙粉煤灰、增钙液态渣粉。

（4）其他未包括在上述三类中的本身具有一定化学反应性的材料。如磨细的石灰岩等。

在高性能混凝土中经常使用的"矿物外加剂"主要是磨细（或风选）粉煤灰、硅灰、磨细矿渣粉、沸石粉等。

3.2.1　矿渣微粉

粒化高炉矿渣磨细后的细粉称为矿渣微粉。矿渣是高炉炼铁时产生的废渣，在高炉出渣口将熔融状态的渣倒入冲渣池，经水急冷后的高炉水淬矿渣。经粉磨后即可得到磨细矿渣，一般的细度都在 $4000cm^2/g$ 以上。细度大的矿渣具有高度活性。储存时间久会使活性下降。磨细矿渣细度愈大活性愈好，将磨细矿渣直接掺入混凝土中作掺合料时，可使混凝土的多项性能得到大的改善。

磨细矿渣的主要成分如下：

SiO$_2$	CaO	Al$_2$O$_3$	MgO	FeO	S
31%~34%	38%~43%	13%~16%	<5%	0.5%	1%

磨细矿渣的碱度：

$$\frac{CaO+MgO+Al_2O_3}{SiO_2}>1.4$$

高炉渣在急冷水淬后，大部分来不及结晶成玻璃体，因而具有较大活性。如果缓慢冷却生成稳定的结晶，则不易产生化学反应，矿渣的水淬程度可以用玻璃化率来表示。其活性可用强度活性指数 K 表示：

$$K=\frac{掺50\%磨细矿渣软炼胶砂抗压强度}{100\%纯水泥软炼胶砂抗压强度}\times100\%$$

分别以 K_{7d}、K_{28d} 表示。

磨细矿渣细度愈大，活性愈好，GB/T 18046—2017"用于水泥和混凝土中的粒化高炉矿渣粉"中将矿渣细粉分为 3 个等级（表 3-1）。

表 3-1　矿渣细粉的等级

	S105	S95	S75
K_{7d}	≥95	≥75	≥55

续表

	S105	S95	S75
K_{28d}	≥105	≥95	≥75
相应比表面积/(cm²/g)	5500~6000	4500~5500	3500~4500

一般在工程上应用时：

比表面积>4000cm²/g，适用于C40~C60混凝土；

比表面积>5000cm²/g，适用于C60~C70混凝土；

比表面积>6000cm²/g，适用于C80以上混凝土。

（1）磨细矿渣的技术性能

磨细矿渣粉的技术性能见表3-2。

表 3-2　磨细矿渣粉的技术要求 （GB/T 18736—2017）

类别	试验项目		指标		
			I	II	III
化学性能	MgO 含量/%	≤	14		
	SO₃ 含量/%	≤	4		
	烧失量/%	≤	1		
	Cl⁻ 含量/%	≤	0.02		
	SiO₂	≥	—	—	—
	吸铵值/(mmol/100g)	≥	—	—	—
物理性能	比表面积/(m²/kg)	≥	750	550	350
	含水率/%	≤	1.0		
胶砂性能	需水量比/%	≤	100		
	活性指数/% 3d	≥	85	70	55
	7d	≥	100	85	75
	28d	≥	115	105	100

（2）磨细矿渣对混凝土性能的影响

在水泥水化初期，胶凝材料系统中的矿渣微粉分布并包裹在水泥颗粒的表面，能起到延缓和减少水泥初期水化产物相互搭接的隔离作用，从而改善混凝土的工作性。磨细矿渣在碱激发、硫酸盐激发或复合激发下具有反应活性，与水泥水化所产生的 $Ca(OH)_2$ 发生二次反应，生成低钙型的水化硅酸钙凝胶，在水泥水化过程中激发、诱增水泥的水化程度，加速水泥水化的反应进程，还能改善混凝土的界面结构，从而显著地改善并提高混凝土的强度和耐久性性能。所以说磨细矿渣掺入混凝土中能够改善混凝土的综合性能。

3.2.2　粉煤灰

粉煤灰是火力发电厂排放出来的烟道灰，其主要成分为 SiO_2、Al_2O_3 以及少量 Fe_2O_3、CaO、MgO 等，由直径在几个微米的实心和空心玻璃微珠体及少量石英等结晶物质组成。到目前为止，混凝土中所使用的都是干排灰，并经粉磨达到规定细度的产品，但多数用于 C40 以下的混凝土中。

使用于高性能混凝土中的粉煤灰必须是 1 级粉煤灰，粉煤灰颗粒中的玻璃微珠粒径为 $0.5 \sim 100\mu m$，大部分在 $45\mu m$ 以下，平均粒径为 $10 \sim 30\mu m$；海绵状颗粒粒径（含碳粒）为 $10 \sim 300\mu m$，大部分在 $45\mu m$ 以上。1 级灰和磨细粉煤灰中海绵状颗粒较少。我国《高性能混凝土用矿物外加剂》（GB/T 18736—2017）规定以 $45\mu m$（用气流筛测定）筛余百分数和透气法测比表面积来评定粉煤灰的细度。用于高性能混凝土中的粉煤灰其质量标准如下：细度 $45\mu m$ 方孔筛余 $\leqslant 5\%$；$80\mu m$ 方孔筛余 $\leqslant 5\%$；烧失量 $\leqslant 5\%$；需水量比 $\leqslant 95\%$；SO_3 含量 $\leqslant 3\%$；其中烧失量（含碳量）最好 $\leqslant 3\%$。

经磨细或风选后的磨细粉煤灰、微珠粉煤灰不但活性好，且其粒形效应还可以降低需水量。

（1）磨细粉煤灰的技术性能

磨细粉煤灰的技术要求见表 3-3。

表 3-3　磨细粉煤灰的技术要求（GB/T 18736—2017）

类别	试验项目			指标	
				I	II
化学性能	MgO 含量/%		≤	—	—
	SO₃ 含量/%		≤	3	
	烧失量/%		≤	5	8
	Cl⁻ 含量/%		≥	0.02	
	SiO₂		≥	—	—
	吸铵值/(mmol/100g)		≥	—	—
物理性能	比表面积/(m²/kg)		≥	600	400
	含水率/%		≤	1.0	
胶砂性能	需水量比/%		≤	95	105
	活性指数/%	3d	≥	—	—
		7d	≥	80	75
		28d	≥	90	85

我国火力发电厂排放和生产的粉煤灰其成分为：SiO_2 占 $40\% \sim 50\%$，Al_2O_3 占

20%~30%， Fe_2O_3 占 20%~30%， CaO 占 2%~5%， 烧失量 3%~8%。 我国 《用于水泥和混凝土中的粉煤灰》 （GB/T 1596—2017） 把粉煤灰按照煤种分为 F 类 （由无烟煤或烟煤煅烧收集的粉煤灰） 和 C 类 （由褐煤或次烟煤煅烧收集的粉煤灰， CaO 含量一般大于 10%）。 把拌制混凝土和砂浆用的粉煤灰按其品质分为 Ⅰ 、 Ⅱ 、 Ⅲ 三个等级。 具体要求见表 3-4。

表 3-4　拌制混凝土或砂浆对粉煤灰的技术要求 （GB/T 1596—2017）

项目			技术要求		
			Ⅰ	Ⅱ	Ⅲ
细度 (0.045mm 方孔筛筛余) /%　≤		F 类	12.0	25.0	45.0
		C 类			
需水量比/%　≤		F 类	95	105	115
		C 类			
烧失量/%　≤		F 类	5.0	8.0	15.0
		C 类			
含水率/%　≤		F 类	1.0		
		C 类			
SO_3 含量/%　≤		F 类	3.0		
		C 类			
游离氧化钙/%　≤		F 类	1.0		
		C 类	4.0		
安定性 (雷氏夹沸煮后增加距离) /mm ≤		C 类	5.0		

（2） 粉煤灰对高性能混凝土性能的影响

掺用粉煤灰的混凝土， 其耐久性能可得到大幅度改善， 对延长结构物的使用寿命有重要意义。 粉煤灰的作用机理除火山灰材料特性的作用 （消耗了水泥水化时生成薄弱的、 富集在过渡区的氢氧化钙片状结晶， 由于水化缓慢， 只在后期才生成少量 C—S—H 凝胶， 填充于水泥水化生成物的间隙， 使其更加密实， 抗碳化能力提高） 以外， 对于高性能混凝土用的优质和磨细粉煤灰， 还存在着形态效应和微集料效应等。 国内外实践证明， 粉煤灰对抑制混凝土中的碱骨料反应是有利的。 在计算混凝土的总碱量时， 粉煤灰带入的有效碱量按照粉煤灰总碱量的 15% 计算。

3.2.3　硅粉

硅粉是二氧化硅蒸气直接冷凝成非晶态的球状微粒， 是电炉生产硅铁合金或单晶硅的副产品。 硅粉形状为球状的玻璃体， 具有极微细的粒径， 比表面达

$200000cm^2/g$，其平均粒径小于 $0.1\mu m$。质量好的硅粉，SiO_2 含量在 90% 以上，其中活性 SiO_2 达 40% 以上［测其在饱和 $Ca(OH)_2$ 溶液中的溶解度来表示］，其活性很高。硅粉对混凝土的增强作用十分明显，当硅粉内掺 10% 时，混凝土的抗压强度可提高 25% 以上。但随着硅粉掺量的增加，需水量也增加，混凝土黏度也增加，硅粉的掺入还会加大混凝土的收缩，因此硅粉的掺量一般在 5%～10% 之间。可以和粉煤灰、矿粉、减水剂等复合使用。

（1）硅粉的技术性能

硅粉的技术要求见表 3-5。

表 3-5　硅粉的技术要求（GB/T 18736—2017）

类别	试验项目		指标
化学性能	MgO 含量/%	≤	—
	SO_3 含量/%	≤	—
	烧失量/%	≤	6
	Cl^- 含量/%	≤	0.02
	SiO_2	≥	85
	吸铵值/(mmol/100g)	≥	
物理性能	比表面积/(m^2/kg)	≥	15000
	含水率/%	≤	3.0
胶砂性能	需水量比/%	≤	125
	活性指数/%	3d ≥	—
		7d ≥	—
		28d ≥	125

（2）硅粉对混凝土性能的影响

① 加速胶凝材料系统的水化　表 3-6 为用直接法测定的胶凝材料系统的水化热，从表中可以看出，用硅灰替代等量水泥后，系统活性指数(%)3d 和 7d 水化热大大增加。需要早期控制水化热的工程在选择时应特别注意。

表 3-6　硅灰对胶凝材料系统水化热的影响（直接法测定）

系统	组成	放热量/(J/g)	
		3d	7d
E	100%水泥	273	293
K	90%水泥+10%硅灰	282	316

续表

系统	组成	放热量/(J/g)	
		3d	7d
L	60%水泥+30%矿渣(800m²/kg+10%硅灰)	256	284

② 提高混凝土的强度　当硅灰与高效减水剂复合使用时，可使混凝土的水胶比降至 0.13~0.18，水泥颗粒之间被硅粉填充密实，混凝土的抗压强度为不掺硅粉的数倍。根据资料介绍，硅灰高强混凝土能提高抗冲磨强度 3 倍，提高抗空蚀强度 14 倍，在水下工程中使用具有突出优势。

③ 增加混凝土致密度，改善混凝土离析和泌水性　硅灰颗粒很细小，可以填塞在水泥颗粒之间的空隙。颗粒密堆积，可以减少泌水，减少毛细孔的平均孔径，并减少需水量。研究证明，硅灰掺入量即 Si/(Si+C) 愈多，混凝土材料愈难以离析和泌水。当取代率达 15%时，混凝土坍落度即使达 15~20cm，也几乎不产生离析和泌水；当取代率达 20%~30%时，该混凝土直接放入自来水中也不易产生离析。

④ 提高混凝土的抗渗性、抗冻性和抗化学腐蚀性

由于硅灰的掺入提高了混凝土的密实性，大大减少了水泥空隙，所以提高了硅灰混凝土的抗渗性、抗冻性和抗化学腐蚀性。

⑤ 硅灰与碱-骨料反应

碱-骨料反应是骨料中的活性二氧化硅和水泥中的碱发生反应生成吸水产物，体积增大，导致混凝土的膨胀和开裂。当向混凝土中掺入硅灰后，硅灰和水泥中的碱反应，能够防止这种过度的膨胀。硅灰对抑制混凝土中的碱-骨料反应是有利的。

由于硅灰的比表面积大，掺入硅灰后，混凝土的用水量增大，需通过改变高效减水剂的掺量来调节混凝土的用水量。高性能混凝土中硅灰的掺量宜控制在 5%~10%之间。

3.2.4　沸石粉

天然沸石是一种经长期压力、温度、碱性水介质作用而沸石化了的凝灰岩，是一种含水的架状结构铝硅酸盐矿物，由火山玻璃体在碱性水介质作用下经水化、水解、结晶生成的多孔、有较大内表面的沸石结构。沸石结构中原子多样的连接方式使沸石内部形成多孔结构，孔通常被水分子填满，称为沸石水，稍加热即可去除。脱水后的沸石多孔，因而可有吸附性和离子交换特性，可作高效减水剂的载体，制成载体硫化剂用以控制混凝土坍落度损失。未经脱水的沸石细粉直接掺入混凝土中使水化反应均匀而充分，改善混凝土强度及密实性。其强度发展、抗渗性、徐变、因吸附碱离子而抑制碱-骨料反应的能力均较粉煤灰及矿粉更好。天然沸石的化学成分见表 3-7。

（1）天然沸石粉的技术性能

磨细天然沸石粉的技术性能质量指标见表 3-8。

表 3-7　天然沸石的化学成分

成分	SiO$_2$	Al$_2$O$_3$	Fe$_2$O$_3$	CaO	MgO	K$_2$O	Na$_2$O	烧失量
含量/%	61~69	12~14	0.8~1.5	2.5~3.8	0.4~0.8	0.8~2.9	0.5~2.5	10~15

表 3-8　磨细天然沸石粉的技术要求（GB/T 18736—2017）

类别	试验项目		指标	
			I	II
化学性质	MgO 含量/%	≤	—	—
	SO$_3$ 含量/%	≤	—	—
	烧失量/%	≤	—	—
	Cl⁻ 含量/%	≤	0.02	0.02
	SiO$_2$	≥	—	—
	吸铵值/（mmol/100g）	≥	130	100
物理性能	比表面积/（m²/kg）	≥	700	500
	含水率/%	≤	—	—
胶砂性能	需水量比/%	≤	110	115
	活性指数/%	3d	≥	—	—
		7d	≥	—	—
		28d	≥	90	85

（2）天然沸石粉对混凝土性能的影响

磨细天然沸石粉作为混凝土的一种矿物外加剂，在 C45 以上的混凝土中取代水泥的取代率宜在 5%~10% 以下。它既能改善混凝土拌合物的均匀性与和易性、降低水化热，又能提高混凝土的抗渗性与耐久性，还能抑制水泥混凝土中碱-骨料反应的发生。磨细天然沸石粉在抑制碱-骨料反应时，除了起降低含碱量和"稀释"作用外，还可以通过它的内表面的吸附和离子交换作用而吸附"固定"一部分 K⁺ 和 Na⁺，从而降低了游离 K⁺、Na⁺ 的浓度，进一步缓解了碱-骨料反应的危害。

磨细天然沸石粉适宜配制泵送混凝土、大体积混凝土、抗渗防护混凝土、抗硫酸盐和抗软水腐蚀混凝土以及高强混凝土，也适用于蒸养混凝土、轻骨料混凝土。

3.2.5　偏高岭土

层状硅酸盐构造的高岭土在 600℃ 加热会失掉所含的结晶水，变成无水硅酸铝 Al$_2$O$_3$·SiO$_2$·AS$_2$，也就是偏高岭土。

偏高岭土中的活性成分无水硅酸铝与水泥水化析出的氢氧化钙生成具有凝胶性质的水化钙铝黄长石和二次 C—S—H 凝胶，这些水化产物不仅显著增强了混凝土的抗压强度， 而且还增强了抗弯和劈裂抗拉强度， 增加了纤维混凝土抗弯韧性。这些由偏高岭土水化生成的产物的后期强度仍不断增长，甚至和硅粉的增强作用相当。

掺偏高岭土不影响混凝土的和易性及流动性，在相同掺量（如 5%）且保持同坍落度情况下，掺偏高岭土的混凝土黏稠性较掺硅灰的小，表面易于抹平，比后者可节约 25% 的高效减水剂。同时掺偏高岭土和粉煤灰的混凝土流动性比单掺的明显增大。当偏高岭土掺量达到 20% 水泥量时，能有效地抑制碱-骨料反应。

3.2.6　石灰石粉

将石灰石磨细至 3000m²/g 的细度即成为矿物外加剂。除了具有微骨料作用掺入混凝土能减少泌水和离析外，石灰石粉能延缓混凝土坍落度损失，增大贫混凝土坍落度，还因与铝酸盐反应生成水化碳铝硅酸钙而增加混凝土的强度。

3.3　高强高性能混凝土矿物外加剂在高性能混凝土中的作用

3.3.1　改善新拌混凝土的工作性

混凝土流动性提高以后，很容易引起离析和泌水，使新拌混凝土的体积不稳定。掺入矿物外加剂的高性能混凝土则具有较好的黏聚性。需水量小的细掺料粉煤灰、矿渣微粉还可以进一步降低水胶比，从而使混凝土保持良好的工作性；硅灰的需水量大，但当掺量不超过 5% 时，对混凝土的流动性影响不大，而混凝土的黏聚性则有所增加。

3.3.2　降低混凝土的温升

水泥水化是放热反应，硅酸盐水泥的水化热约为 500J/g，混凝土内部会因水泥水化放热而温度上升，混凝土外部散热较快时，就可能造成内外温差而产生温度应力，引起混凝土开裂，这在大体积混凝土中尤为明显。混凝土内外温差应力是影响混凝土耐久性的重要因素。

3.3.3　增进混凝土的后期强度

掺入除硅粉外的矿物外加剂时，混凝土的早期强度随掺量的增加而降低，后期强度会有较大幅度的增长。一方面，掺入矿物外加剂后，水胶比降低，有利于强度的增长；另一方面，因为矿物外加剂水化速度比较慢，所以水化产物带来的强度在后期才能表现出来；最后，矿物外加剂的粒径效应，即 "微粉效应"，增强了混凝土的密实性，从而增加混凝土后期强度。

3.3.4　提高混凝土的抗化学腐蚀能力， 增强混凝土的耐久性

当硅酸盐水泥混凝土处于侵蚀性介质的环境中时，侵蚀性介质会与水泥水化产物 $Ca(OH)_2$ 和 C_3A 发生化学反应，逐渐使混凝土破坏。在混凝土中掺入矿物外加剂后，一方面，减少了水泥用量，也就减少了受腐蚀的内部因素；另一方面，矿物外加剂的 "微粉效应"，增强了混凝土的密实性，改善了混凝土内部的孔结构，提

高了混凝土的抗渗性，阻碍了侵蚀介质的进入。

3.3.5　不同品种矿物外加剂复合使用的"超叠效应"

不同矿物外加剂在混凝土中的作用有其各自的特点，有的是优点，有的是缺点。例如：硅粉在混凝土中有增强的作用，但需水量大，自干燥收缩大，因而掺量有限，而且对混凝土温升没有降低的作用；磨细矿渣粉需水量不大，对混凝土的强度有利，但自干燥收缩较大；掺粉煤灰的混凝土自干燥收缩和干燥收缩都小，而且需水量小，但抗碳化能力差等。根据复合材料的"超叠效应"原理，将不同种类矿物外加剂以合适的复合比例和总掺量掺入到混凝土中，则可使其取长补短，不仅可调节需水量，增加混凝土强度，还可以减少收缩，提高混凝土耐久性。

3.4　高强高性能混凝土矿物外加剂应用技术要点

（1）配制强度等级 C60 以上（含 C60）的混凝土，宜采用 1 级粉煤灰、沸石粉、S105 或 S95 级矿粉或硅粉，也可采用复合掺和矿物以使其性能互补。

（2）掺矿物外加剂的混凝土，应优先采用硅酸盐水泥、普通水泥和矿渣水泥。

（3）混凝土掺矿物外加剂的同时，还应同时掺用化学外加剂，其相容性和合理掺量应经试验确定。

（4）掺矿物外加剂混凝土设计配合比时应当遵照 JGJ 55《普通混凝土配合比设计规程》的规定，按等稠度、等强度级别进行等效置换。

掺矿物外加剂混凝土粉煤灰取代水泥的最大限量见表 3-9。

表 3-9　粉煤灰取代水泥的最大限量　　　　　　单位:%

混凝土种类	硅酸盐水泥 525 号	普通水泥 525 号	普通水泥 425 号	矿渣水泥 425 号
碾压混凝土	70(Ⅱ级灰) 60(Ⅲ级灰)	60	55	30
拱坝混凝土	30	25	20	15
面板混凝土	30	25	20	—
泵送混凝土 压浆混凝土	50	40	30	20
抗冻融混凝土 钢筋混凝土 高强混凝土	35	30	25	—
抗冲耐磨混凝土	20	15	10	—

注：本表摘自 DL/T 5055—2007，表中水泥为原标准水泥标号。

掺矿物外加剂混凝土最小水泥用量、最小胶凝材料用量及最大水灰比见表 3-10。

表 3-10　掺矿物外加剂混凝土最小水泥用量、最小胶凝材料用量及最大水灰比

矿物掺合料种类	用途	最小水泥用量 /（kg/m³）	最小胶凝材料 用量/（kg/m³）	最大水灰比

续表

矿物掺合料种类	用途	最小水泥用量 /(kg/m³)	最小胶凝材料用量/(kg/m³)	最大水灰比
粒化高炉矿渣粉复合掺合料	有冻害、潮湿环境中的结构	200	300	0.50
	上部结构	200	300	0.55
	地下、水下结构	150	300	0.55
粒化高炉矿渣粉复合掺合料	大体积混凝土	110	270	0.60
	无筋混凝土	100	250	0.70

注:1. 表中的最大水灰比为替代前的水灰比。

2. 掺粉煤灰、沸石粉和硅粉的混凝土应符合 JGJ 55—2011《普通混凝土配合比设计规程》中的有关规定。

3. 本表引自 DBJ/T 01-64—2002。

3.5 大掺量粉煤灰混凝土

有研究者利用单因素法研究大掺量粉煤灰混凝土的性能。通过胶凝材料掺量、粉煤灰掺量、水胶比、砂率这四个因素的不同组合优化混凝土的配合比。

(1) 砂率:通过测定砂石原材料的空隙率,初步确定砂率范围;基于高密实堆积的考虑,砂率上调 2%~3%;通过试拌混凝土 (良好和易性),确定砂率。

(2) 胶凝材料用量:400kg/m³,440kg/m³,480kg/m³ 三个等级。

(3) 水胶比:低水胶比是成功配制高性能混凝土的保证,初步确定三个不同的水胶比 0.34、0.37、0.40,同时选取较大的一个水胶比 0.45 为对比。

(4) 粉煤灰掺量:为 40%、50%、60% 三个不同 的掺量。

(5) 外加剂:试验中外加剂的掺量以达到较好的流动性,适宜泵送为准,但最高掺量不宜超过 1.5%;试验采用聚羧酸高效减水剂,减水率为 28%。

大掺量粉煤灰混凝土的配合比见表 3-11。

表 3-11 大掺量粉煤灰混凝土的配合比   单位: kg/m³

编号	B	F/B	W/B	C	F	S_p	S	G	W	外加剂/%
F1	400	0.40	0.34	240	160	0.46	844	991	136	1.5
F2	400	0.40	0.37	240	160	0.46	830	974	148	1.0
F3	400	0.40	0.40	240	160	0.46	816	958	160	1.0
F4	400	0.40	0.45	240	160	0.46	792	929	180	1.0
F5	400	0.50	0.34	200	200	0.46	838	984	136	1.5
F6	400	0.50	0.37	200	200	0.46	824	967	148	1.0
F7	400	0.50	0.40	200	200	0.46	809	950	160	1.0
F8	400	0.50	0.45	200	200	0.46	785	922	180	1.0

续表

编号	B	F/B	W/B	C	F	S_p	S	G	W	外加剂/%
F9	400	0.60	0.34	160	240	0.46	832	976	136	1.4
F10	400	0.60	0.37	160	240	0.46	817	960	148	1.5
F11	400	0.60	0.40	160	240	0.46	803	943	160	1.0
F12	400	0.60	0.45	160	240	0.46	779	915	180	0.8
F13	440	0.40	0.34	264	176	0.46	810	951	150	1.2
F14	440	0.40	0.37	264	176	0.46	794	932	163	1.2
F15	440	0.40	0.40	264	176	0.46	778	914	176	1.2
F16	440	0.40	0.45	264	176	0.46	752	883	198	1.0
F17	440	0.50	0.34	220	220	0.46	803	943	150	1.5
F18	440	0.50	0.37	220	220	0.46	787	924	163	1.2
F19	440	0.50	0.40	220	220	0.46	772	906	176	1.2
F20	440	0.50	0.45	220	220	0.46	745	875	198	1.0
F21	440	0.60	0.34	176	264	0.46	796	935	150	1.5
F22	440	0.60	0.37	176	264	0.46	780	916	163	1.5
F23	440	0.60	0.40	176	264	0.46	765	898	176	1.2
F24	440	0.60	0.45	176	264	0.46	738	867	198	1.0
F25	480	0.40	0.34	288	192	0.46	776	911	163	1.0
F26	480	0.40	0.37	288	192	0.46	759	890	178	0.8
F27	480	0.40	0.40	288	192	0.46	741	870	192	0.6
F28	480	0.40	0.45	288	192	0.46	712	836	216	0.5
F29	480	0.50	0.34	240	240	0.46	768	902	163	1.2
F30	480	0.50	0.37	240	240	0.46	751	882	178	1.0
F31	480	0.50	0.40	240	240	0.46	734	861	192	1.0
F32	480	0.50	0.45	240	240	0.46	705	827	216	0.5
F33	480	0.60	0.34	192	288	0.46	761	893	163	1.1
F34	480	0.60	0.37	192	288	0.46	743	873	178	1.0
F35	480	0.60	0.40	192	288	0.46	726	852	192	0.8
F36	480	0.60	0.45	192	288	0.46	697	819	216	0.4

注：B—胶凝材料掺量；F/B—粉煤灰配合比；W/B—水胶配合比；C—水泥；F—粉煤灰；S_p—碎石配合比；S—砂；G—外加剂；W—水。

结合实际的砂石含水率，拌制上述 36 组配合比，试验过程中测定的混凝土的坍落度和部分扩展度值见表 3-12。

表 3-12   大掺量粉煤灰混凝土的流动性能

编号	SL	扩展度	编号	SL	扩展度	编号	SL	扩展度
1	195	—	3	180	—	5	180	—
2	165	—	4	215	—	6	170	—
7	215	—	17	205	—	27	200	—
8	225	530	18	185	—	28	215	—
9	165	—	19	205	—	29	210	—
10	195	—	20	205	—	30	180	—
11	170	—	21	200	—	31	215	—
12	195	—	22	230	—	32	200	—
13	190	—	23	225	520	33	235	530
14	195	—	24	215	520	34	240	600
15	215	—	25	230	570	35	235	570
16	260	600	26	235	575	36	160	—

从试验数据分析，在胶凝材料用量较低，水胶比合适时，混凝土坍落度明显提高，而随着胶凝材料用量增大，水胶比大小对于和易性影响不大。分析：整体看和易性良好，适度的胶材用量下，混凝土黏聚性、保水性良好，无离析、泌水现象。混凝土均具有良好的流动性，满足现代混凝土的泵送要求，从而保证了混凝土的均匀密实性。

综合结论：

① 掺量在 40%的大掺量粉煤灰混凝土，在低水胶比条件下具有良好的工作性，力学性能和优良的耐久性能，可以广泛应用于现代结构工程。采用低水胶比，选择 90d 为验收龄期，掺量在 40%~50%的大掺量粉煤灰混凝土在高层或大型建筑大基础底板工程中具有良好的技术适用性。

② 粉煤灰作为掺合料在混凝土中应用，需要考虑一定量的石膏匹配。在胶凝材料含有一定量的石膏对混凝土的各项性能是有益的，尤其对于掺合料含量较高的胶凝体系中，建议含量为 3%~4%。

③ 粉煤灰（掺合料）在现代混凝土中是独立的组分，不是水泥的替代材料，在配制技术上不建议采用超量替代法，这样会增大混凝土浆骨比，对于混凝土体积稳定性不利。

④ 低水胶比对于大掺量粉煤灰混凝土很重要，是保障混凝土各项硬化性能的关键。胶凝材料用量应该以满足和易性为原则，如果和易性满足要求，增大胶凝材料用量对大掺量粉煤灰混凝土没有益处。

⑤ 对于 28d 强度，粉煤灰混凝土长期强度增长幅度大，一般会在 140%~210%。

⑥ 因为大掺量粉煤灰混凝土成熟期较长，龄期越长对于大掺量粉煤灰混凝土耐久性测试的结果越好，因此采用长龄期测试其耐久性更为合理。

⑦ 大掺量粉煤灰混凝土在低水胶比下具备良好的抗冻能力。从强度方面看 C35 以上的混凝土是可能满足 300 次冻融要求的最低强度等级。对于严寒地区混凝土工程建设，建议粉煤灰掺量不宜超过 50%。

⑧ 选择低水胶比，混凝土的碳化深度可以得到有效控制。采用标准碳化试验方法，粉煤灰掺量不超过 50%，水胶比不大于 0.40，混凝土碳化深度在 10mm 以下；粉煤灰掺量在 60%，水胶比不大于 0.37，混凝土碳化深度也在 10mm 以下。同时必须强调，如果措施不当，当粉煤灰比例超过 60%，混凝土结构 3 年之内自然碳化有可能超过 20mm，保护层厚度的设定需要考虑这一点。

⑨ 对于大掺量粉煤灰混凝土，要保证钢筋不锈蚀，水胶比不应高于 0.40，且随着粉煤灰掺量增大而降低。例如：掺量大于 50%，水胶比应控制在 0.35 以下。

⑩ 低水胶比大掺量粉煤灰混凝土具有优异的抗硫酸盐侵蚀能力。

⑪ 大掺量粉煤灰混凝土不能减少塑性阶段的收缩和开裂，在大表面水平结构混凝土施工时必须引起注意。关键是树立混凝土浇筑后其拌合水不可损失，及时采取喷雾、用塑料膜覆盖等保湿措施。也就是说，在硬化早期，大掺量粉煤灰混凝土孔隙率较高，需要相对比较长的湿养护时间，否则引发干缩是必然的。

⑫ 采用新型双膨胀源 HCSA 膨胀剂或掺加适量石灰、石膏，在低水胶比条件下，适度引气，辅以充分湿养护可以改善大掺量粉煤灰混凝土各项硬化性能。

第4章

高性能混凝土外加剂试验与检测

　　高性能混凝土外加剂是一种在混凝土搅拌之前或拌制过程中加入的，用以改善新拌混凝土和硬化混凝土性能的材料。高性能混凝土外加剂的应用改善了新拌和硬化混凝土性能，促进了混凝土新技术的发展，促进了工业副产品在胶凝材料中更多的应用，还有助于节约资源和环境保护，已经逐步成为优质混凝土必不可少的材料。近年来，国家基础建设保持高速增长，铁路、公路、机场、煤矿、市政工程、核电站、大坝等工程对混凝土外加剂的需求一直很旺盛，我国的混凝土外加剂行业也一直处于高速发展阶段。

　　目前，对高性能混凝土提出的要求已不仅仅是高强，而更多的是关注这种结构材料的长期和超长期耐久性，以及在高强基础之上同时具备密实、稳定和优良的施工性能。在制备高性能混凝土的技术措施中，除了对水泥、骨料有较高的要求外，最重要的是在配制过程中使用超细分掺和料和化学外加剂，尤其是具有高效减水、适当引气并能减少坍落度经时损失的高性能减水剂。

　　高性能混凝土外加剂按其主要使用功能可分为4类：改善混凝土拌合物流变性能的外加剂，包括各种减水剂和泵送剂等；调节混凝土凝结时间、硬化性能的外加剂包括缓凝剂、促凝剂和速凝剂等；改善混凝土耐久性的外加剂，包括引气剂、防水剂、阻锈剂和矿物外加剂等；改善混凝土其他性能的外加剂，包括膨胀剂、防冻剂、着色剂等。根据高性能混凝土性能要求和施工工艺，最重要的三类化学外加剂是减水剂、引气剂和泵送剂。目前高性能混凝土中所掺减水剂主要为聚羧酸盐类高性能减水剂。与其他减水剂相比，高性能减水剂具有一定的引气性、较高的减水率和良好的坍落度保持性能，在配制高强混凝土和高耐久性混凝土时，具有明显的技术优势和较高的性价比。

4.1　高性能混凝土外加剂检测方法（ GB 8076— 2008 ）

4.1.1　取样及批号

　　（1）点样和混合样

点样是在一次生产产品时所取得的一个试样。

混合样是三个或更多的点样等量均匀混合而取得的试样。

（2）批号

生产厂应根据产量和生产设备条件，将产品分批编号。掺量大于1%（含1%）同品种的外加剂每一批号为100t，掺量小于1%的外加剂每一批号为50t。不足100t或50t也应按一个批量记，同一批号的产品必须混合均匀。

（3）取样数量

每一批号取样量不少于0.2t水泥所需用的外加剂。

4.1.2　试样及留样

每一批号取样应充分混匀，分为两等份：一份按规定检测项目检验；另一份密封保存半年，以备有疑问时，提交国家指定的检验机关复检或仲裁。

4.1.3　检验分类

（1）出厂检验

每批号外加剂的出厂检验项目，根据其品质不同按表4-1规定的项目进行检验。

表4-1　外加剂检验项目

测定项目	外加剂品种													备注
	高性能减水剂 HPWR			高效减水剂 HWR		普通减水剂 WR			引气减水剂	泵送剂	早强剂	缓凝剂	引气剂	
	早强型 A	标准型 S	缓凝型 R	标准型 S	缓凝型 R	早强型 A	标准型 S	缓凝型 R	AEWR	PA	AC	RC	AE	
含固量														液体必检
含水率														粉状必检
密度														液体必检
细度														粉状必检
pH 值	√	√	√	√	√	√	√	√	√	√	√	√	√	
氯离子	√	√	√	√	√	√	√	√	√	√	√	√	√	每3日必检一次
硫酸钠				√	√						√			每3日必检一次
总碱量	√	√	√	√	√	√	√	√	√	√	√	√	√	每年必检一次

（2）型式检验

型式检验项目包括所有的检验项目性能指标。有下列情形之一时，应进行型式检验：

① 新型产品投产时。

② 原材料产源或生产工艺发生变化时。

③ 正常生产时每年进行一次。

④ 长期停产后恢复生产时。

⑤ 出厂检验结果与型式检验有较大差异时。

⑥ 国家质量监督机构提出型式检验要求时。

4.1.4　判定规则

（1）出厂检验判定

型式检验报告在有效期内，且出厂检验结果符合均质性检验指标要求，可判定为该批产品检验合格。

（2）型式检验判定

产品经检验，均质性检验结果符合指标要求；各种类型外加剂受检混凝土性能指标中，高性能减水剂及泵送剂的减水率和坍落度的经时变化量、其他减水剂的减水率、缓凝型外加剂的缓凝时间差、引气型外加剂的含气量及其经时变化量、硬化混凝土的各项性能符合规范中受检混凝土性能指标要求，则判定该批号外加剂合格。如不符合上述要求时，则判该批号外加剂不合格。其余项目可作参考指标。

4.1.5　复检

复检以封存样进行。如使用单位要求现场取样，应事先在供货合同中规定，并在生产和使用单位人员在场的情况下于现场取混合样，复检按型式检验项目检验。

4.2　高性能混凝土外加剂试验

4.2.1　试验用材料

（1）水泥

采用基准水泥。基准水泥是检验混凝土外加剂性能的专用水泥，由符合下列品质指标的硅酸盐水泥熟料与二水石膏共同磨细而成的 42.5 级 P.Ⅰ型硅酸盐水泥。基准水泥的品质除满足 42.5 级强度等级硅酸盐水泥技术要求外，还应满足熟料中 C_3A 含量 6%~8%，C_3S 含量 55%~60%，$Ca(OH)_2$ 不大于 1.2%，碱含量（$Na_2O+0.658K_2O$）不大于 1%，水泥比表面积为（350±10）m^2/kg 的要求。

（2）砂

符合《建筑用砂》（GB/T 14684—2011）中 11 区要求的中砂，但细度模数为 2.6~2.9，含泥量小于 1%。

（3）石子

符合《建筑用卵石、碎石》（GB/T 14685—2011），要求公称粒径为 5~20mm 的碎石或卵石，采用二级配，其中 5~10mm 占 40%，10~20mm 占 60%，满足连续级配要求，针片状含量小于 10%，空隙率小于 47%，含泥量小于 0.5%，如有争议，以碎石结果为准。

（4）水

饮用水：符合《混凝土用水标准》（JGJ 63—2006）。

（5）外加剂

需要检测的外加剂。

4.2.2 配合比

基准混凝土配合比按普通混凝土《普通混凝土配合比设计规程》（JGJ 55—2011）进行设计。

（1）水泥用量：掺高性能减水剂或泵送剂的基准混凝土和受检混凝土的单位水泥用量为 360kg/m³；掺其他外加剂的基准混凝土和受检混凝土的单位水泥用量为 330kg/m³。

（2）砂率：掺高性能减水剂或泵送剂的基准混凝土和受检混凝土的砂率均为 43%~47%；掺其他外加剂的基准混凝土和受检混凝土的砂率为 36%~40%。但掺引气减水剂和引气剂的混凝土砂率应比基准混凝土低 1%~3%。

（3）外加剂掺量：按生产厂指定的掺量。

（4）用水量：掺高性能减水剂或泵送剂的基准混凝土和受检混凝土的坍落度率控制在（210±10）mm 时的最小用水量；掺其他外加剂的基准混凝土和受检混凝土应控制在（80±10）mm。用水量包括液体外加剂、砂、石材料中所含的水量。

4.2.3 混凝土搅拌

采用符合《混凝土试验用搅拌机》（JG 244—2009）要求的公称容量为 60L 的单卧轴式强制混凝土搅拌机，搅拌机的拌合量不少于 20L，不宜大于 45L。外加剂为粉状时，将水泥、砂、石、外加剂一次投入搅拌机，干拌均匀，再加入掺有外加剂的拌合水一起搅拌 2min。出料后在铁板上用人工翻拌至均匀，再进行试验。各种混凝土试验材料及环境温度均应保持在 20℃±3℃之间。

4.2.4 试验项目所需试件数量

试验项目所需试件数量（表 4-2）。

表 4-2 试验项目及所需试件数量

试验项目		外加剂类别	试验类别	试验所需数量			
				混凝土拌合批数	每批取样数目	基准混凝土总取样数目	受检混凝土总取样数目
减水率		除早强剂、缓凝剂外各种外加剂		3	1个	3个	3个
1h 经时变化量	坍落度	高性能减水剂泵送剂	混凝土拌合物	3	1个	3个	3个
	含气量	引气剂引气减水剂		3	1个	3个	3个

续表

试验项目	外加剂类别	试验类别	试验所需数量			
			混凝土拌合批数	每批取样数目	基准混凝土总取样数目	受检混凝土总取样数目
含气量	各种外加剂	硬化混凝土	3	1个	3个	3个
泌水率比			3	1个	3个	3个
凝结时间差			3	1个	3个	3个
抗压强度比			3	6块、9块或12块	18块、27块或36块	18块、27块或36块
收缩率比			3	1条	3条	3条
相对耐久性指标	引气减水剂引气剂	硬化混凝土	3	1条	3条	3条

注:1. 试验时,检验同一种外加剂的三批混凝土的制作宜在开始试验一周内的不同日期完成。对比的基准混凝土和受检混凝土应同时成型。

2. 试验龄期参考表中试验项目栏。

3. 试验前后应仔细观察试样,对有明显缺陷的试样试验结果都应舍除。

4.2.5　高性能混凝土外加剂性能要求及试验条件

高性能混凝土外加剂性能要求及试验条件见表4-3。

表4-3　高性能混凝土外加剂性能要求及试验条件

项目		外加剂品种						
		高性能减水剂 GB 8076—2008(中国)		高性能 AE 减水剂 JIS 6204 (日本工业)		高强混凝土用高性能 AE 减水剂 (住宅公团,日本)	超高强混凝土高性能 AE 减水剂 (建设省,日本)
		标准	缓凝	标准	缓凝	—	—
减水率/%		≥25	≥25	>18	≥18	—	—
泌水率比/%		≤60	≤70	<60	<70	<50	
凝结时间差/min	初凝	−90~	≥+90	−30~+120	+90~+240	0~+180	5:00~12:00
	终凝	+120	—	−30~+120	<240	−30~+150	15:00 以内
抗压强度比/%	3d	≥160	—	>135	>135	>140	>100
	7d	≥150	≥140	>125	>125	>130	>100
	28d	≥140	≥130	>115	>115	>120	>10
收缩率比/%		≤110	≤110	<110	<110	<110	<110
相对耐久性(200 次)/%		—	—	>80	>80	>80	<85
1h 经时变化量	坍落度/mm			<60	60	<50	<50
	含气量/%			<±1.5	<±1.5	<±1.5	<±1.5

续表

项目		外加剂品种					
		高性能减水剂 GB 8076—2008(中国)		高性能 AE 减水剂 JIS 6204 (日本工业)		高强混凝土用 高性能 AE 减水剂 (住宅公团,日本)	超高强混凝土 高性能 AE 减水剂 (建设省,日本)
		标准	缓凝	标准	缓凝	—	—
Cl⁻含量		应说明对钢筋 有无锈蚀危害		①<0.02;②<0.2;③0.6			
试验条件	水泥品种	普通硅酸盐水泥		3 种普通水泥混合		3 种普通水泥混合	3 种普通水泥混合
	水泥量/kg	卵石:310±5 碎石:330±5		坍落度 80,300 坍落度 180,320		450	—
	粗骨料 细骨料	最大粒径 20mm		最大粒径 20mm 碎砂		石砂	砂
	单位水量 /(kg/m³)	达(80±10)mm 坍落度所需水量		达上述坍落度所需水量		掺 AE 剂坍落度达 (180±10)mm 时水量为基准混凝土,上述减 15%水量为试验混凝土	基准混凝土(205± 10)mm,受检混凝土 165mm
	砂率/%	36~40		基准混凝土 40~50 受检混凝土±1%		40~50	—
	含气量/%	—		基准混凝土<2% 受检混凝土: 基准+3±0.5		4±0.5	3.5±1.0

4.3　高性能混凝土外加剂与水泥之间的相容性检测方法

　　水泥与混凝土外加剂之间的相容性是指同一种外加剂在相同的条件下因水泥不同而使用效果明显不同,甚至完全相反的现象。如同一种减水剂在相同的掺量下,因水泥的矿物组成、调凝剂、混合材、细度等不同,在相同掺量下的塑化效果,减水、增强效果明显不同;又如具有缓凝作用的糖蜜、木质素磺酸钙在某些水泥中反而使凝结时间大大缩短,甚至在不到一小时内就发生终凝。

　　高性能混凝土外加剂对水泥的相容性,其中最为关键的是外加剂对水泥的适应性。适应性也称为相容性。按照《水泥与减水剂相容性试验方法》(JC/T 1083—2008),水泥与减水剂的适应性定义为:使用相同减水剂或水泥时,由于水泥或减水剂的质量而引起水泥浆体流动性、经时损失的变化程度以及获得相同的流动性时减水剂用量的变化程度。然而在实际应用中,同一减水剂在有的水泥系统中,在常用掺量下,即可达到通常的减水率;而在另一些水泥系统中,要达到此减水率,则减水剂的量要增加很多,有的甚至在其掺量增加 50%以上时,仍不能达到其应有的减水率。并且,同一减水剂在有的水泥系统中,在水泥和水接触后的 60~90min 内大坍落度仍能保持，并且没有离析和泌水现象；而在另一些情况下，则不同程度地存在坍落度损失快的问题。这时我们就说：前者的减水剂和水泥是适应的，后者是不适应的。另外，同一种水泥，当使用不同厂家生产的同一类型的减水剂时，即使水灰比和减水剂掺量相同，也会出现明显不同的使用效果；即使是同一减水剂使用在同一品牌、同一种类的水泥时，其减水效果也会因水泥的矿物组成、粉磨细度等因素的变动而出现明显的差异。

为此，在外加剂使用过程中，当水泥可供选择时，应选用对外加剂较为适应的水泥。当外加剂可供选择时，应选用对水泥较为适应的外加剂，采取措施，提高外加剂对水泥的适应性。

4.3.1　混凝土坍落度法

评价水泥与外加剂相容性最直接的方法就是混凝土坍落度法。所用设备为坍落度筒（为圆锥截筒，其尺寸为：上口直径100mm，下口直径200mm，高300mm）。

具体试验方法为：保持混凝土的配合比和水灰比不变，将搅拌一定时间的混凝土，按一定方法灌满坍落度筒（我国标准要求为三层装满，每层插捣25次，以保证混凝土充分填充坍落度筒），然后向上竖直提起坍落度筒，静停后测定坍落下来的高度，即为坍落度，混凝土流开的直径即为坍落度扩展度。一般来说，坍落度越大，坍落流动度值越大；静置后流动度指标损失越小，则混凝土的工作性越好，即此水泥与该减水剂间的适应性就越好。

4.3.2　微坍落度法

微坍落度法（mini-slump test）可用于测定水泥净浆或水泥砂浆，截锥圆模法为国内外研究者广泛采用。评价指标有：浆体流动度——流下浆体圆饼的平均直径；流动面积——流下浆体圆饼的面积；或者，相对流动面积——流下浆体扩散的圆环面积（圆饼面积减去所用试模面积）与所用试模底面面积之比。流动度、流动面积、相对流动面积越大，则浆体的流动性越好，说明该水泥与这种减水剂间的适应性越好。

4.3.3　漏斗法

测试砂浆和净浆工作性的漏斗尺寸有多种，但其原理都是测定一定体积的新拌砂浆和净浆从漏斗口流下的时间。流下的时间越短，则浆体的流动性越好；相反，流下的时间越长，则浆体的流动性越差。

4.3.4　水泥浆体稠度法

国内外都有用水泥浆体稠度法来评价水泥与减水剂之间的适应性。在水灰比和减水剂掺量一定时，水泥浆体的稠度越小，则表明浆体的流动性越好。在试验时，常用锥体在水泥浆体中沉入度的变化来反映高效减水剂的作用效果。高效减水剂掺入后，锥体的沉入度的增加值越大，则减水剂的作用效果越好，相应的这种水泥与减水剂之间的适应性就越好。

4.3.5　水泥净浆流动度法

采用水泥净浆流动度来检测水泥与减水剂的适应性具有试验材料用量少、测试所需工作量小、评价指标全面等优点。该方法所用检测设备装置包括净浆搅拌机、测定流动度的截锥圆模（截锥体的尺寸为上口直径 36mm，下口直径 63mm、高 60mm）、玻璃板与直尺。水泥净浆流动度的测试方法可以某种水泥和高效减水剂为试验对象，采用固定水灰比，改变外加剂的掺量，拌制水泥净浆进行试验。

清华大学覃维祖教授采用净浆流动度试验方法（GB/T 8077—2000）进行低水胶比条件下水泥-高效减水剂相容性的检测与评价，即：测定水泥加水（$W/C = 0.32$）拌合，在变化高效减水剂掺量条件下净浆的初始（5min）流动度（F_o）和 60min 的流动度值（F_h）。此法简便易行，具有良好的实用性。

第**5**章

再生骨料混凝土外加剂

5.1　建筑垃圾再生骨料混凝土概述

近年来，随着我国城市化进程的不断加快，带来了建筑业的蓬勃发展，每天都有旧建筑物被拆除，新建筑物在兴建。进入 21 世纪以来，我国基础设施建设事业得到了飞速发展。伴随着道路、桥梁、楼房的建设，产生了大量废弃水泥混凝土，建筑垃圾的产生和排出数量也在快速增长。据不完全统计，我国每年建筑物拆除和施工过程中产生废混凝土总量达 4000 万吨左右，预计到 2020 年我国将产生 20 亿吨废弃水泥混凝土。我国建筑垃圾的数量已占到城市垃圾总量的 30%～40%，绝大部分建筑垃圾未经任何处理，便被施工单位运往郊外或乡村，采用露天堆放或填埋、焚烧的方式进行处理，耗用大量的征用土地费、垃圾清运等建设经费。同时，清运和堆放过程中的遗撒和粉尘、灰砂飞扬等问题又造成了严重的环境污染。由于建筑垃圾的组成特点和它产生于建设工程现场的实际情况，建筑废料中很多是可以再生利用的。在资源日趋匮乏的今天，简单地遗弃建筑废料是对资源的极大浪费。因此，建筑垃圾的资源化变得十分重要，它不仅符合生态环境保护的需要，也是可持续发展的需要。如何合理处理这些建筑垃圾已经引起了政府部门和公众的普遍关注。

随着对天然砂石的不断开采，天然骨材资源亦趋于枯竭，且其开采的运输能耗与费用惊人，对生态环境的破坏也十分严重。如果能够使建筑垃圾资源化，应用于建筑工程，则既能减少环境污染，又能节约自然资源，这将同时带来社会效益、经济效益和环保效益，被认为是发展绿色混凝土、实现建筑资源环境可持续发展的主要措施。由此可见，大力推广再生混凝土技术十分必要。

废弃混凝土中含有大量的砂石骨料，如果能将它们合理地回收利用，生产再生混凝土用到新的建筑物上，不仅能降低成本，节省天然资源，缓解骨料供求矛盾，还能减轻废弃混凝土对环境的污染，是可持续发展战略的一个重要组成部分。如何充分、高效、经济地利用建筑垃圾，特别是废弃混凝土已经成为世界许多国家共同研究的一个重要课题。

再生骨料混凝土简称再生混凝土。废弃混凝土作为再生骨料的来源又称母体混凝土。废弃混凝土块经过破碎、清洗与分级后形成的骨料简称再生骨料。再生骨料部分或全部代替砂石等天然骨料配制而成的混凝土，称为再生骨料混凝土。充分利用再生骨料混凝土，能有效降低建筑垃圾的数量、节省大量的建筑能源、减少建筑垃圾对自然环境的污染；同时利用再生骨料制造再生骨料混凝土，还能减少建筑工程中对天然骨料的开采，从而达到建筑节能和保护环境的目的。

工程实践证明以建筑垃圾废砖粉和废砂浆为细骨料、废混凝土为粗骨料的再生混凝土，既可以作为承重墙体材料，还可以作为保温材料用于节能建筑；既是实现建筑节能经济有效的措施，也是解决我国能源供需矛盾的途径之一。

5.2　建筑垃圾混凝土废弃物的循环再利用

随着建筑业的迅速发展，我国城市化进程的加快，由建筑业产生的建筑垃圾急剧增加，对环境产生了较大影响，对社会造成了一定的危害。伴随着社会对混凝土的需求量迅速增加，作为混凝土重要原材料的精细骨料出现了明显不足。因此将数量庞大的废弃混凝土进行合理的回收利用，既解决了天然原生精细骨料缺少的问题，又节省了废弃混凝土处理费用，并有利于环境保护，对获得良好的社会效益和经济效益起到了不可低估的作用。

将建筑垃圾废弃混凝土经过筛选、破碎、除杂、分级、清洗等处理后，按国家现行标准对骨料颗粒级配进行调整作为再生骨料，不仅可以解决废弃混凝土带来的环境污染；还可以节约天然骨料资源，从而减少对天然砂石的开采。从根本上解决天然骨料的日益匮乏和大量砂石开采带来的环境破坏问题，保护了人类的生存环境，符合可持续发展的要求。

建筑垃圾混凝土废弃物的循环再利用可分为：废混凝土块的循环利用、碎黏土砖块的循环利用、废水泥砂浆的循环利用、利用废弃混凝土制备再生水泥、用废弃混凝土制备再生骨料等。再生骨料按尺寸大小可分为再生粗骨料、再生细骨料；按来源可分为道路再生骨料、建筑再生骨料；按用途可分为混凝土再生骨料、砂浆再生骨料、砌块再生骨料。通过再生骨料混凝土技术可实现对建筑垃圾废弃混凝土的再加工，使其恢复原有的性能，形成新的建材产品，从而既能使有限的资源得以再利用，又解决了部分环保问题；这是发展绿色高性能混凝土，实现建筑资源环境可持续发展的战略目标之一。

5.3　建筑垃圾再生骨料的物理性质

依据国标《混凝土用再生粗骨料》（GB/T 25177—2010）和《混凝土和砂浆用再生细骨料》（GB/T 25176—2010）对再生骨料划分为三类。再生粗骨料和再生细骨料的物理性质见表 5-1、表 5-2。

表 5-1 再生粗骨料的物理性质

项目	试验方法	分类指标		
		I	II	III
微粉含量(按质量计)/%	按照 GB/T 14685 中规定的含泥量试验方法	<1.0	<2.0	<3.0
泥块含量(按质量计)/%	按照 GB/T 14685 中规定的泥块含量试验方法	<0.5	<0.7	<1.0
吸水率(按质量计)/%	按照 GB/T 17431.2 中规定的吸水率试验方法	<3.0	<5.0	<7.0
针片状颗粒(按质量计)/%	按照 GB/T 14685 中规定的针片状颗粒含量试验方法	<10		
有机物	按照 GB/T 14685 中规定的有机物含量试验方法	合格		
硫化物及硫酸盐(折算成 SO_3,按质量计)/%	按照 GB/T 14685 中规定的硫化物和硫酸盐含量试验方法	<2.0		
氯化物(以氯离子质量计)/%	按照 GB/T 14684 中规定的氯化物含量试验方法	<0.06		
杂物(按质量计)/%	按照 GB/T 25177 中规定的杂物含量试验方法	<1.0		
坚固性(以质量损失计)/%	按照 GB/T 14685 中规定的坚固性试验方法	<5.0	<9.0	<15.0
压碎指标/%	按照 GB/T 14685 中规定的压碎指标试验方法	<12	<20	<30
表观密度/(kg/m³)	按照 GB/T 14685 中规定的表观密度试验方法	>2450	>2350	>2250
空隙率/%	按照 GB/T 14685 中规定的堆积密度与空隙率试验方法	<47	<50	<53

表 5-2 再生细骨料的物理性质

项目		分类指标		
		I	II	III
微粉含量(按质量计)/%	MB 值<1.4 或合格	<5.0	<6.0	<9.0
	MB 值≥1.4 或不合格	<1.0	<3.0	<5.0
泥块含量(按质量计)/%		<1.0	<2.0	<3.0
云母含量(按质量计)/%		<2.0		
轻物质含量(按质量计)/%		<1.0		
有机物含量(比色法)		合格		
硫化物及硫酸盐(折算成 SO_3,按质量计)/%		<2.0		
氯化物(以氯离子质量计)/%		<0.06		
饱和硫酸钠溶液中的质量损失/%		<7.0	<9.0	<12.0
单级最大压碎指标值/%		<20	<25	<30

续表

项目		分类指标		
		Ⅰ	Ⅱ	Ⅲ
再生胶砂需水量比	细	<1.35	<1.55	<1.80
	中	<1.30	<1.45	<1.70
	粗	<1.20	<1.35	<1.50
再生胶砂强度比	细	>0.80	>0.70	>0.60
	中	>0.90	>0.85	>0.75
	粗	>1.00	>0.95	>0.90
表观密度/(kg/m³)		>2450	>2350	>2250
堆积密度/(kg/m³)		>1350	>1300	>1200
空隙率/%		<46	<48	<52

5.4　建筑垃圾再生骨料的基本性能

再生骨料与天然骨料相比，其主要性能是相同的，这是再生骨料可再配制混凝土的前提。但是，由于再生骨料是由旧混凝土破碎而成的，所以仍有着许多不同的基本性能。

（1）在混凝土进行轧碎的过程中，形成再生骨料颗粒较粗，形状呈现多角多棱。根据所用粉碎机的不同，其粒径分布也不尽相同，且骨料的容量比较小，可以用作半轻质骨料。

（2）在再生骨料上黏有砂浆和水泥素浆。其黏附的程度取决于轧碎的粒度和原混凝土的性能。黏附的砂浆改变了骨料的其他性能，如质量较轻、吸水率较高、黏结力减少和抗磨强度降低。

（3）再生骨料中有污染的异物存在，这是从原来拆除的建筑垃圾中感染而来的，如黏土颗粒、沥青碎块、石灰、碎砖和其他材料等。这些污染物通常会对再生骨料拌制的混凝土力学性能和耐久性造成不良影响。

（4）再生骨料的堆积密度和表观密度

同天然砂石骨料相比，再生骨料表面包裹着相当数量的水泥砂浆，由于水泥砂浆的孔隙率大、棱角比较多，所以再生骨料的表观密度和堆积密度要比天然骨料低一些。根据材料试验证明，再生骨料的表观密度和堆积密度分别为天然骨料的88%~97%和87%~99%，分别在2.31~2.62kg/m³和1.29~1.47kg/m³之间。

（5）再生骨料的吸水率及压碎指标

再生骨料的吸水率远远高于天然骨料，当骨料的粒径范围为5~20mm时，试验表明：24h的吸水率，天然骨料的吸水率为0.4%左右，而再生骨料的吸水率基本处于2%~10%之间，其粒径越大，吸水率越低。

压碎指标是表征骨料强度的一个参数。国家标准《建筑用卵石、碎石》（GB/T 14685—2011）规定：Ⅰ类骨料的压碎指标应小于10%，Ⅱ类骨料的压碎指标应小于 20%，Ⅲ类骨料指标的压碎指标应小于 30%。而再生骨料的压碎指标值为 21.3%，稍微低于Ⅱ类骨料的压碎指标。由此可见，大多数再生骨料能满足国标中Ⅱ类骨料对压碎指标的要求。

5.5 建筑垃圾再生骨料生产工艺流程及应用领域

5.5.1 再生骨料的生产工艺流程

由于建筑垃圾成分较复杂，有砖石碎块、钢筋混凝土、铁件、木料、塑料、纸板、电缆和泥沙等多种成分，其中砖石砌体碎块、混凝土碎块占大多数，也是可资源化循环再生骨料的材料。对这部分建筑垃圾的应用通常分三步：第一步是对建筑垃圾分选，选出能够用作再生骨料的部分，如混凝土块等；第二步是对选出的混凝土块等进行破碎、筛分、洁净化的技术处理；第三步是要研究再生骨料的成分、构造，根据不同用途，进行改性的强化处理，提高再生骨料的强度。再生骨料是指废混凝土经破碎加工后所得粒径在 40mm 以下的骨料，又分再生粗骨料和再生细骨料。粒径在 0.5~5mm 的骨料为再生细骨料，粒径在 5~40mm 的骨料为再生粗骨料。

（1）日本再生骨料生产流程图 见图 5-1。

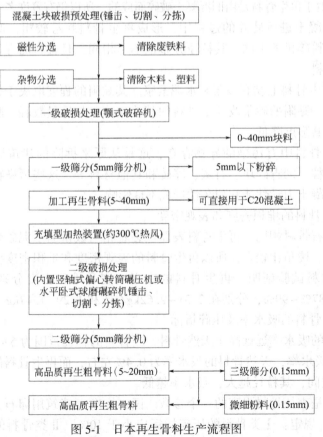

图 5-1 日本再生骨料生产流程图

（2）有关研究人员建议的建筑垃圾循环再生骨料生产工艺流程　见图 5-2。

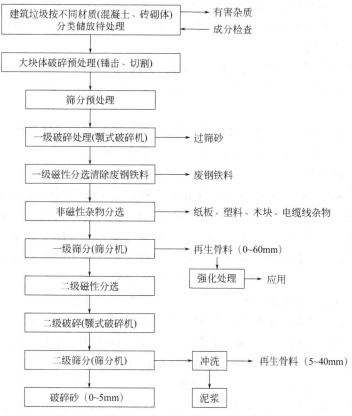

图 5-2　建筑垃圾循环再生骨料生产工艺流程图

5.5.2　再生骨料的应用领域

再生骨料主要的用途是配制再生混凝土，再生骨料混凝土简称再生混凝土，是指利用废混凝土破碎加工而成的再生骨料部分或全部代替天然骨料配制而成的混凝土。

（1）填充材料：地基加固、道路工程基础下垫层、素混凝土垫层、道路面层、室内地坪及地坪垫层等。

（2）结构材料：用在钢筋混凝土结构工程中的再生骨料混凝土。

（3）混凝土制品：非承重混凝土空心砌块、混凝土空心隔样板、蒸压粉煤灰砖等。

5.6　建筑垃圾再生骨料混凝土的配合比设计

我国普通混凝土的配合比设计是取决于水胶比和用水量。由于再生骨料各方面的性能不同于天然骨料，再生混凝土的配合比不能简单地套用普通混凝土的配合比设计方法。国内外很多学者对再生混凝土的配合比设计进行了专门的研究。与天然混凝土相比,再生混凝土的配制主要考虑以下几个方面:

(1)再生骨料大孔隙率引起的高吸水率对再生混凝土配合比中水的用量及新拌混凝土各方面性能的影响。

(2)再生骨料强度对再生混凝土力学性能的影响。

(3)由于再生骨料中含有大量的旧砂浆以及骨料表面的多孔结构,其收缩率高于天然骨料。

北京建筑大学宋少民教授在北京建筑大学再生混凝土实验楼的配合比设计中采用了再生骨料预吸水法降低坍落度损失(相关配合比见表5-3)。

对于再生骨料混凝土强度,彭献生等经试验发现,当水灰比为0.5时,利用强度等级分别为C20、C25和C30的废弃混凝土破碎加工成的再生骨料配制的再生混凝土的强度分别为普通混凝土的85%、86%和90%。可见,再生骨料强度对再生混凝土的强度有一定的影响。但并不明显。孔德玉等通过三种原生混凝土强度不同的再生骨料配制的再生混凝土的比较,发现由于强度低的再生骨料吸水率大,在单位用水量相同的情况下,再生混凝土坍落度随原生混凝土强度降低而降低。

北京建筑大学宋少民教授认为,采用再生骨料预吸水法、再生骨料和天然骨料相混、掺加优质掺合料和高性能外加剂等来改善再生混凝土的性能,且适当降低水胶比和掺加优质粉煤灰对提高再生混凝土品质是有效的技术途径。因此,通过合理的配合比设计可以使再生混凝土达到所需要的性能。

2007年9月陈家珑教授主持完成的北京建筑大学土木与交通学院建材试验6号楼,建筑面积1100m²,三层框架-剪力墙结构工程建筑垃圾再生骨料混凝土试验建筑,采用建筑垃圾全级配骨料,C30混凝土质量达到质量控制优级水平,未见结构质量问题。

表5-3   再生混凝土的配合比

水 /(kg/m³)	水泥 /(kg/m³)	天然石 /(kg/m³)	天然砂 /(kg/m³)	全级配再生骨料/(kg/m³)	矿粉 /(kg/m³)	外加剂 /(kg/m³)
181	353	564	226	902	86	13.2

注:1. 水泥:燕山 P. O42.5 水泥,3d 抗压强度 24.4MPa,28d 抗压强度 45.1MPa。
2. S95 级矿粉;需水量比 105%。
3. 外加剂:萘系外加剂,减水率 20%。
4. 天然砂:细度模数 2.9 的Ⅱ区砂、表观密度 2600kg/m³、含泥量 0.6%。
5. 天然石:粒径 5~25mm、表观密度 2600kg/m³、针片状含量 6.0%、压碎指标 5.3%。
6. 拌合水:自来水。
7. 水胶比为 0.43。

5.7 低碳混凝土与低水泥用量高强预拌混凝土

20世纪80年代以后,我国水泥产业经历了较长时间的高增长期,自1985年以来水泥产量一直居世界第一。目前我国基础设施建设仍处在快速发展时期，水泥产业的碳排放量和能源消耗量在国民经济各行业中居于前列。

混凝土是目前用量最大的建筑材料之一。混凝土搅拌站、混凝土制品和构件及混凝土现场施工等将每年近 30 亿立方米的混凝土用于基本设施建设和国家重点工程。如此众多的重大工程都需要大量使用水泥混凝土，资源消耗惊人。这对水泥混凝土的节能减排提出了紧迫要求。如果在水泥及混凝土材料生产和应用上做到低碳排放，将会对我国建筑业和建材行业低碳经济的发展起到积极的作用。

5.7.1　低碳混凝土

目前对于低碳混凝土，还没有一个确切的定义。一般认为，相对于传统的混凝土生产制备过程中所释放的碳排放量，低碳混凝土的碳排放量有着显著的降低。

降低混凝土行业所产生的二氧化碳排放量主要可以通过三个途径达到：第一，使用大掺量的各类矿物掺合料，减少和控制水泥用量；第二，使用再生废弃物和再生骨料等材料，以减少对不可再生天然骨料的开采和使用；第三，提高混凝土的性能以增加其使用寿命，降低维修和重建的需求，从更长的时间范围内减少混凝土总的使用量。

5.7.2　低水泥用量高强预拌混凝土

低水泥用量高强预拌混凝土的特征：①低水胶比；②低水泥用量（掺入大量的矿物掺合料）；③低单位体积用水量。这种"三低技术路线"配制的混凝土具有自身特征：低水胶比，造成混凝土具有很高的抗渗性，外界有害的离子等介质不易渗透到混凝土的内部而导致混凝土耐久性能发生劣化；低水泥用量（掺入大量的矿物掺合料），降低了混凝土的绝热温升以及由水泥引起的各种收缩，降低了混凝土早期开裂的风险；低单位体积用水量，实际上控制高强混凝土的总胶凝材料用量，控制了浆骨比，提高了混凝土的体积稳定性。用水量对控制混凝土开裂更为重要。减少了用水量，在保持强度相同的条件下，可相应降低水泥用量，从而减小混凝土的温度收缩、自身收缩和干缩。

关注骨料的级配，应用级配良好的骨料，可以大幅度降低用水量；使用高性能减水剂、大掺量优质粉煤灰等掺合料、粗磨的硅酸盐水泥进一步降低用水量。

C60~C80 高强预拌混凝土配合比的特点：

① 胶凝材料用量宜在 480~570 kg/m³ 范围。

② P.O42.5 等级水泥用量宜在 280~350 kg/m³ 范围。

③ 水胶比宜在 0.23~0.27 范围。

④ 单位体积用水量宜在 130~150 kg/m³ 范围。

⑤ 砂率宜在 0.33~0.36 范围。

⑥ 采用磨细矿渣、粉煤灰、石灰石粉和硅灰等矿物掺合料，由于现代混凝土水胶比较低，混凝土强度对胶凝材料活性依赖明显降低，因此尽可能采用大量掺合料

降低水泥用量。

⑦ 胶凝材料的活性（早期活性）应根据混凝土强度要求给予满足。

5.7.3　低水泥用量混凝土配方

配方52　低水泥用量200m高度以下C70自密实混凝土配方

低水泥用量200m高度以下C70自密实混凝土配合比及性能检测结果见表5-4和表5-5。

表5-4　低水泥用量200m高度以下C70自密实混凝土配合比

原材料用量/(kg/m³)							水胶比	砂率/%	每方混凝土中粗骨料的体积/m³
P52.5R硅酸盐水泥	F类I级粉煤灰	S95级矿渣粉	细度模数2.6河砂	石子(5~20)mm级配	水	保坍型聚羧酸高效减水剂			
350	120	70	839	860	155	6.48	0.30	49	0.35

表5-5　C70自密实混凝土拌合物性能检测结果

检测地点	填充性		间隙通过性	抗离析性	温度/℃	倒坍排空时间/s	强度/MPa			
	扩展度/mm	扩展时间S-T 500	坍落扩展度与J环扩展度差值/mm	离析率/%			2d	3d	7d	28d
出厂(出机)	660	3.5	30	5	21	6	49.0	57.0	71.7	84.3
现场(经时1h)	680	3.0	25	6	23	5				

配方53　低水泥用量C80蒸压预制管桩混凝土的配方

低水泥用量C80蒸压预制管桩混凝土的配合比见表5-6。

表5-6　低水泥用量C80蒸压预制管桩混凝土配合比

P52.5R硅酸盐水泥	SiO₂含量大于90%,比表面积(420~450)m²/kg石英粉/(kg/m³)	大石粒径(5~15)mm和粒径(10~20)mm按1:2混合/(kg/m³)	小石粒径(10~20)mm/(kg/m³)	河砂细度模数3.0/(kg/m³)	萘系高效减水剂	水胶比	坍落度/mm	蒸压强度/MPa
280	130	947	473	660	3.5%	0.31	40	95.8

养护制度：蒸压养护全过程一般为8h（2h升温，4h恒温，2h降温）。蒸汽压力0.95~1.0MPa，蒸压温度180~200℃。

配方54　低水泥用量C100免压蒸预制管桩混凝土配方

低水泥用量C100免压蒸预制管桩混凝土配合比见表5-7。

表 5-7 低水泥用量 C100 免压蒸预制管桩混凝土配合比

组号	水泥	硅灰	矿粉	砂	碎石 (5~16mm)	碎石 (16~25mm)	减水剂
1	450	22.5	57	695	531	774	7.1
2	475	23.8	60	684	533	762	7.5
3	500	25.0	63	674	526	751	7.9

（1）C100 免压蒸高强、高性能混凝土预制管桩主要指标

① 预制桩混凝土常压蒸汽养护后放张脱模强度达到 $R_{脱}$≥90MPa 以上。

② 7d 混凝土强度（自然养护）达到出厂强度（R_7≥105MPa）以上。

③ 28d 标准养护后混凝土强度等级达到 C105（R_{28}≥105MPa）以上。

④ 混凝土工作性能好，坍落度控制在 30~60mm，满足喂料浇筑及离心成形工艺要求。

（2）试验用原材料

① 水泥：P.Ⅱ52.5 硅酸盐水泥。

② 硅灰：S 94 级硅灰，SiO_2 含量 94.5%。

③ 矿物：苏州 S 115 级矿物。

④ 砂：细度模数 2.6~3.0。

⑤ 碎石：粒径 5~16mm 及 16~25mm，两者掺配比例为 2∶3。

⑥ 减水剂：固含量 40%聚羧酸类高性能减水剂。

（3）养护制度

混凝土养护采用免蒸压方式，养护制度如图 5-3 所示。

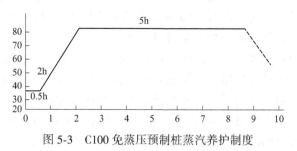

图 5-3 C100 免蒸压预制桩蒸汽养护制度

5.8 再生骨料混凝土外加剂

再生骨料是由建筑垃圾破碎得到的，其主要成分是废混凝土块和废砖块，这样的再生骨料与天然骨料有一些不同之处。再生骨料与天然骨料相比，组成成分复杂，组分中包含相当数量的硬化水泥砂浆和废砖块，废砖块和砂浆本身孔隙比较大，且在破碎过程中，其内部往往会产生大量的微裂缝。因此，其特性与天然骨料差异较大。

再生骨料按尺寸大小可分为再生粗骨料、再生细骨料。一般将建筑垃圾筛分后，取粒径在 5~40mm 的为再生粗骨料，粒径在 0.5~5mm 的为再生细骨料。如果将建筑垃圾破碎后，完全取代天然砂石作为骨料，称为全级配再生骨料。再生骨料由于其砂浆含量高，导致的表观密度低、吸水率高、泥粉等杂质含量高等特点，使其在实际生产混凝土的过程中表现出工作性能变差，力学性能不佳。在利用建筑垃圾再生骨料配置混凝土的过程中，由于再生骨料的压碎值较高、吸水率高、外形扁平且多棱角、表面附着水泥灰浆，使得制备的掺普通减水剂的再生骨料混凝土和易性较差，混凝土坍落度损失较快，不能满足泵送施工和当今高性能混凝土的技术和应用需要。通常的生产方法为增加用水量或者对骨料进行预湿，但是不能从根本上解决再生骨料的使用问题。在再生混凝土制品的生产中，由于再生骨料各方面的性能跟天然骨料不尽相同，因此，不能用单一的天然骨料的配合比来进行生产，针对再生混凝土制品生产存在的问题，使用再生混凝土专用外加剂至关重要。

利用再生骨料生产混凝土制品，由于再生骨料较天然骨料有更大的吸水率，因此，在混凝土的拌制过程中，需水量将会有很大提高，水灰比的提高必然会造成水泥用量的增加和混凝土制品强度的降低。所以，在再生混凝土制品中加入一定量的减水剂是必需的。同时，在混凝土制品的生产中，需要利用模具来成型制品，只有当混凝土制品达到一定的强度，才能够拆模，因此从成型到拆模的时间将关系到模具的利用率，间接影响生产效率和生产成本。所以，在再生混凝土制品中加入一定量的早强剂，可以有效地提高生产效率，节约成本。再生骨料中由于砂浆泥砂含量高，导致的需水量大，配制的混凝土表观密度低、坍落度损失大、强度低、工作性能差，必须使用再生骨料表面强度处理增强剂，以提高再生混凝土物理化学性能。

外加剂的性能及其与水泥的适应性是影响再生骨料混凝土硬化前后性能的主要因素，也可以说是影响再生混凝土质量优劣的重要因素。选择合适的外加剂，首先是考察对于给定的胶凝系统，加入某种外加剂后，能否达到预期的效果，即在水泥和水接触后的初始 60~90min 内混凝土大坍落度仍然保持，没有离析和泌水现象等，其次是确定外加剂的最优掺量。在配制再生混凝土时，引气减水剂的掺量通常要接近或等于其最优掺量。特别是在配制坍落度大于 200mm 的高流动性混凝土时，继续增大掺量不仅不会改善工作性或增大减水率，反而会出现明显的泌水、离析现象。外加剂的种类和掺量的确定要以满足再生骨料混凝土的强度及耐久性要求，降低混凝土单位用水量和胶凝材料用量，减少混凝土的水化热以及控制混凝土的体积稳定性为原则。

5.8.1　再生骨料混凝土制品常用的外加剂

（1）高效减水剂

高效减水剂又称超塑化剂或分散剂。高效减水剂是一种在不改变混凝土工作度、混凝土坍落度基本相同的条件下能减少拌合用水量，显著提高混凝土强度的外加剂。高效减水剂根据再生骨料混凝土应用目的可以相应地具有 3 种功能：①不改变原来混凝土的配合比，提高混凝土拌合物的和易性；②对于某一规定和易性的混凝土，可降低水灰比，提高混凝土强度；③在混凝土和易性和 28d 强度保持基本相同时，可降低水灰比，减少水泥用量，节约水泥 10%～20%，每 1t 产品节省水泥 30t 以上。高效减水剂是一种新型的化学外加剂，掺量较多时，减水率可达 10%～25% 以上，没有严重的缓凝及引气量过多的问题。高效减水剂的应用能带来较大的技术经济效益，在水泥用量相等和不降低强度的情况下，可以生产易于浇筑的高流动性混凝土，用较低的水量生产正常工作度的 C60～C80 高强混凝土。

（2）引气剂

引气剂是在混凝土搅拌过程中能引入大量的均匀分布、稳定而封闭的微小气泡的外加剂。引气减水剂是具有引气剂和减水剂功能的外加剂。

引气剂能降低固-液-气相界面张力，提高气泡膜强度，使混凝土中产生细小均匀分布且硬化仍能保留的微气泡。这些气泡可改善混凝土混合料的工作性，提高混凝土的抗冻性、抗渗性以及抗侵蚀性。引气剂的使用是混凝土发展史上的一个重要发现，因为它改善了混凝土的和易性，延长了混凝土的使用寿命，增加了混凝土的耐久性。但引气剂对混凝土不利影响是降低强度，这是一个严重的缺点。随着外加剂技术及其应用的发展，引气减水剂和高效减水剂的应用不仅可以避免单独使用引气剂降低混凝土强度的缺点，而且还具有较为全面提高混凝土性能的优点，它的应用必将更为全面地提高混凝土工程的综合社会经济效益。

（3）引气减水剂

引气减水剂是一种兼有引气和减水功能的外加剂。引气减水剂具有引气剂的性能：引气、改善和易性、减少泌水和沉降，提高混凝土耐久性（抗冻融循环、抗渗）、抗侵蚀能力；同时具备减水剂的性能：减水增强以及对混凝土其他性能的普遍改善。引气减水剂其最大特点是在提高混凝土含气量的同时，不降低混凝土后期强度。在普遍改善混凝土物理力学性能的基础上，提高了混凝土的抗冻融、抗渗等耐久性。具有缓凝作用的引气减水剂还能有效地控制混凝土的坍落度损失。因此，目前在混凝土中单独使用引气剂的比较少，一般都使用引气减水剂。

5.8.2 建筑垃圾再生骨料混凝土外加剂配方精选

配方55 再生骨料表面处理剂

（1）产品特点与用途

再生骨料表面处理剂是通过采用成膜性良好的聚乙烯醇高分子溶液和硅酸钠、氟硅酸无机物溶液的优化复合，使再生骨料表面形成机械性能韧性、防水性均优良的有机无机复合膜，显著降低了再生骨料的吸水率；利用聚乙烯醇在常温下溶解性很低的优点，在拌制混凝土时有效降低有机无机复合膜的溶解速率，使再生骨料在预拌及施工过程中保持较低的吸水率；利用硅酸钠和氟硅酸钠溶液对再生骨料孔隙和微裂纹进行有效填充，明显提高了再生骨料的强度。此外，再生骨料经处理后配制混凝土时表面膜状的硅酸钠和氟硅酸钠与水泥水化产生的氢氧化钙发生反应生成硅酸钙和氟硅酸钙，可以显著改善混凝土过渡区的强度，增加骨料与水泥石之间的胶结性能。本品适用作再生骨料混凝土表面的预处理剂。

（2）配方

① 配合比　见表5-8。

表 5-8　再生骨料表面处理剂配合比

原料名称	质量份	原料名称	质量份
聚乙烯醇（聚合度 17~24）	1	氟硅酸钠（分析纯化试级）	0.8
硅酸钠（模数 3.0~3.5）	5	水	92.2
尿素（含 N>46%）	1		

② 配制方法

a. 按照上述原材料的配比进行称量，备用；

b. 溶解聚乙烯醇：首先将水加热至20℃，然后在20℃水中缓慢加入聚乙烯醇，并不断搅拌，加完聚乙烯醇后继续搅拌10min，然后升温至90~95℃，升温时间控制在60~90min，在90~95℃时保持恒温60min，制得聚乙烯醇溶液，然后冷却至室温备用；

c. 将硅酸钠、尿素、氟硅酸钠溶解于配制好的聚乙烯醇溶液中，混合搅拌均匀，即制得再生骨料表面处理剂。

③ 质量份配方范围　聚乙烯醇0.5~1.5，硅酸钠4~10，尿素0.5~3，氟硅酸钠0.2~1，水88~93.8。

（3）产品技术性能

再生骨料的强度通过骨料的压碎值来反映，依据标准：普通混凝土用砂、石质量及检验方法标准 JGJ 52—2006；再生骨料的吸水率指标通过与普通骨料在拌制混凝土时达到相同和易性的需水量比较来反应，依据标准：普通混凝土拌合物性能试验方法标准 GB/T 50080—2016；再生骨料的吸水率在拌制和施工过程中的增加通过与普通混凝土的坍落度经时损失比较来反应，依据标准：普通混凝土拌合物性能试验方法标准 GB/T 50080—2016；综合效果可通过配制的混凝土 28d 强度对比来反应，依据标准：普通混凝土力学性能试验方法标准 GB/T 50081—2016。

再生骨料混凝土配合比见表5-9，由再生骨料表面处理剂拌制混凝土性能检测结果见表5-10。

表 5-9　再生骨料混凝土配合比

原材料	P.O42.5 硅酸盐水泥	S95 矿粉	1级粉煤灰	细度模数 2.6 中砂	普通碎石	外加剂
质量/kg	240	60	60	780	1080	5.5

表 5-10 性能检测结果

检测项目	指标	未经处理	检测项目	指标	未经处理
压碎值	13.8	15.5	1h 后坍落度	140	50
用水量/kg	178	205	28d 抗压强度/MPa	33.9	25.3
坍落度	180	180			

从表中可以看出，再生骨料经过表面处理后其性能明显改善，对比未经处理的再生骨料，用水量和坍落度损失值改善尤为明显，说明该再生骨料表面处理剂性能优良，有着良好的应用前景。

（4）施工及使用方法

再生骨料表面处理剂掺量为再生骨料混凝土胶凝材料总重量的 3%~8%，胶凝材料为水泥和粉煤灰。

配方 56 再生骨料混凝土制品复合外加剂

（1）产品特点与用途

利用再生骨料生产混凝土制品，由于再生骨料较天然骨料有更大的吸水率，因此，在混凝土拌制过程中，需水量将会有很大提高，水灰比的提高会造成水泥用量的增加和混凝土制品强度的降低。所以，在再生混凝土制品中加入一定量的减水成分是必需的。同时，混凝土制品的生产中，需要利用模具来成型制品，只有当混凝土制品达到一定的强度，才能够拆模。因此，在再生混凝土制品中加入一定量的早强成分，可以有效地提高生产效率，加速模具周转，节约成本。

再生骨料混凝土制品复合外加剂的主要特点：

① 本品添加于再生骨料混凝土制品中，在水泥掺量不变，坍落度基本相同的条件下，能显著提高混凝土制品的强度；

② 混凝土制品的和易性明显改善，流动性、保水性好，制品成型后，表面特征相较不掺加时平整光滑；

③ 再生骨料混凝土制品早强效果明显，原本三天的拆模时间可以提前到一天，大大提高了模具的使用率，节约成本；

④ 在不改变原有混凝土制品强度的前提下，使用本品可以相应的减少一定的水泥用量，更利于节约成本。

再生骨料混凝土制品复合外加剂适用于制备再生骨料混凝土制品。

（2）配方

① 配合比 见表 5-11。

表 5-11 再生骨料混凝土制品复合外加剂配合比

原料名称	质量份	原料名称	质量份
硫酸钠	30	三乙醇胺	1

续表

原料名称	质量份	原料名称	质量份
木质素磺酸钙	6	二水石膏	30
松香酸钠	0.15	水	32.84
NaOH	0.01		

② 配制方法　按配方比例将各组分混合均匀，配制成复合外加剂。

③ 再生骨料混凝土制品复合外加剂质量份配比范围　硫酸钠 20~30，三乙醇胺 1~2，木钙 5~6，松香酸钠 0.15~0.2，NaOH 0.01~0.02，二水石膏 30~40。

（3）产品技术性能

再生骨料混凝土制品复合外加剂质量指标见表5-12。

表 5-12　再生骨料混凝土制品复合外加剂质量指标

检测项目		标准要求		实测结果	结论
		一等品	合格品		
减水率/%		≥8	≥5	9.1	一等品
泌水率比/%		≤95	≤100	50	一等品
凝结时间差/min	初凝	−90~+120		−70	合格
	终凝			−54	
抗压强度比/%	1d	140	130	180	一等品
	3d	130	120	200	一等品
	7d	115	110	130	一等品
	28d	105	100	100	合格品

（4）施工及使用方法

复合外加剂掺量占再生骨料混凝土制品中胶凝材料总质量的 2%~6%。

配方 57　再生骨料混凝土专用高效减水剂

（1）产品特点与用途

再生骨料由于其砂浆含量高，导致的表观密度低、吸水率高等特点，使其在实际生产混凝土过程中工作性能变差，力学性能不佳。通常的生产方法为增加用水量或者对骨料进行预湿，但是不能从根本上解决再生骨料的使用问题。针对现有技术的缺陷而提供一种再生骨料混凝土用高效减水剂。本品由萘系高效减水剂、密胺树脂系减水剂、脂肪族高效减水剂、木质素磺酸钠、葡萄糖酸钠、十二烷基硫酸钠、水玻璃、硅烷以及甲基硅酸钾复合组成。

再生骨料混凝土专用高效减水剂主要特点：

① 疏水作用本品可以产生疏水效果，降低再生骨料的吸水作用，有利于混凝土性能的发展。

② 低引气量本品具有较低的引气量，在保证混凝土的性能基础上，仅引入少量气体，以适应再生骨料的高孔隙率。

③ 高减水率本品具有较高的减水率，拌制的混凝土具有较大的坍落度、低坍落度损失，不离析、不泌水。

④ 辅助增强效果本品具有较高的强度比，可以起到辅助增强效果，以适应再生骨料强度低的特点。

再生骨料混凝土专用高效减水剂适用于配制再生骨料混凝土及其制品。

（2）配方

① 配合比　见表 5-13。

表 5-13　再生骨料混凝土专用高效减水剂配合比

原料名称	质量分数/%	原料名称	质量分数/%
β-萘磺酸盐甲醛缩合物	5	十二烷基硫酸钠	0.3
磺化三聚氰胺甲醛树脂	5	水玻璃	10
水溶性磺化丙酮-甲醛缩聚物	10	甲基硅酸钾	0.1
木质素磺酸钙	10	水	57.6
葡萄糖酸钠	2		

② 配制方法

a. 按配方称取各组分原料；

b. 将以上各组分原料混合均匀：搅拌温度 40℃，搅拌速度 120r/min，搅拌时间 10min 制得含固量为 20%~50%棕色液体复合高效减水剂。

③ 再生骨料混凝土专用高效减水剂配比范围（质量分数）　萘系高效减水剂 0~50%，密胺树脂系减水剂 0~50%、脂肪族高效减水剂 0~50%、木质素磺酸盐 10%~50%、葡萄糖酸钠 0.1%~5%、十二烷基硫酸钠 0.1%~5%、水玻璃 0.1%~10%、甲基硅酸钾 0.1%~10%、水 10%~65%。原料中的萘系高效减水剂为 β-萘磺酸盐甲醛缩合物，密胺树脂系减水剂为磺化三聚氰胺甲醛树脂，木质素磺酸盐可选用木质素磺酸钠、木质素磺酸钙或木质素磺酸镁为减水组分，脂肪族高效减水剂为水溶性磺化丙酮-甲醛缩聚物。

（3）产品技术性能

再生骨料混凝土专用高效减水剂技术性能指标见表 5-14。

表 5-14　再生骨料混凝土专用高效减水剂质量指标

专用高效减水剂掺量	普通萘系高效减水剂掺量	减水率	坍落度/mm		强度/MPa	
			初始坍落度	60min 坍落度	7d 强度	28d 强度
3%	0	18%	185	165	23	35

续表

专用高效减水剂掺量	普通萘系高效减水剂掺量	减水率	坍落度/mm		强度/MPa	
			初始坍落度	60min 坍落度	7d 强度	28d 强度
1.5%	0	23%	190	150	21	32
0.5%	0	21%	180	160	22	34
0.5%	0	22%	180	150	22	33
1%	0	23%	185	155	23	35
0.5%	0	21%	180	160	22	26
0 对比例	1.5%	21%	180	110	21	32

（4）施工及使用方法

再生骨料混凝土专用高效减水剂掺量为混凝土中水泥重量的 0.5%～3.0%。

配方58　再生骨料混凝土早强减水剂

（1）产品特点与用途

早强减水剂是加速混凝土早期强度发展的外加剂。早强减水剂能促进水泥的水化和硬化，缩短混凝土制品的养护周期，加快施工速度，提高模板和场地的周转率。传统的萘系早强减水剂由于分散性差、减水率低、早强效果不明显、混凝土凝结时间长等因素不能适应再生混凝土的使用要求。再生骨料混凝土早强减水剂掺量低，早强效果好，不含氯离子，防止了钢筋锈蚀，适用于再生混凝土，可以提高再生混凝土制品的早期强度，改善再生混凝土拌合物的和易性。

（2）配方

① 配合比　早强减水剂配合比见表 5-15。其中聚羧酸专用减水剂配合比见表 5-16。

表 5-15　再生骨料混凝土早强减水剂配合比

原料名称	作用	质量份	原料名称	作用	质量份
聚羧酸专用减水剂(浓度40%)	主剂	21.5	硫氰酸钠	早强剂	1.5
三异丙醇胺	早强剂	4	甲酸钙	促凝剂	3
三乙醇胺	早强剂	1.5	水	分散剂	55

表 5-16　聚羧酸专用减水剂配合比

原料名称	质量份	原料名称	质量份
甲氧基聚乙二醇单甲醚(分子量2000)	126	对甲苯磺酸	6.3
阻聚剂吩噻嗪	0.62	甲基丙烯酸	32.1

原料名称	质量份	原料名称	质量份
环己烷	25	过硫酸铵(浓度7%)	90.5
巯基丙酸	3.56	水	208
丙烯酸	15.6	氢氧化钠(浓度30%)	调节 pH 至 6

② 配制方法　早强减水剂按配方将以上组成原料混合搅拌均匀即可。

聚羧酸专用减水剂配制方法　在四口烧瓶中加入 126g 甲氧基聚乙二醇单甲醚(分子量 2000)加热搅拌熔化，加入阻聚剂吩噻嗪 0.62g，搅拌 10min 后一次加入对甲苯磺酸 6.3g、甲基丙烯酸 32.1g、环己烷 25g，升温至 128℃，进行酯化反应 4.5h，抽真空去除环己烷，得到中间体甲氧基聚乙二醇甲基丙烯酸酯。将水 208g 加入四口烧瓶中升温至 60℃，依次加入巯基丙酸 3.56g、丙烯酸 15.6g，搅拌 10min 开始滴加 7%浓度的过硫酸铵 60.5g，升温至 80℃保温 1.5h，再次滴加 7%浓度的过硫酸铵 30g，恒温 1h，冷却至 45℃，加入氢氧化钠调节 pH 值至 6。最后加水调节出浓度为 40%的聚羧酸专用减水剂。

(3) 产品技术性能　见表 5-17。

表 5-17　再生骨料混凝土早强减水剂质量指标

检测项目		标准要求(一等品)	实测结果	结论
减水率/%		≥8	22.5~30.5	合格
泌水率比/%		≤95	15~30	合格
含气量		≤4.0	1.8~2.0	合格
凝结时间差/min	初凝	−90~+90	−30~10	合格
	终凝		−40~10	
抗压强度比/%	1d	135	281~305	合格
	3d	130	180~210	合格
	7d	110	160~173	合格
	28d	100	145~150	合格

注："−"表示凝结时间提前，"+"表示凝结时间延长。

(4) 施工及使用方法

再生骨料混凝土早强减水剂掺量占再生粗细骨料混凝土制品中胶凝材料总质量的 2.0%~3.0%。

配方 59　用于再生骨料混凝土的 JPC 聚羧酸减水剂

(1) 产品特点与用途

JPC 聚羧酸减水剂系采用不饱和聚氧烷基单体、一元酸及其衍生物单体、磺酸盐单体以及二元酸及其衍生物单体，经引发剂共聚而成。JPC 减水剂具有较高的减水率、分散性好，可以很好地适应再生骨料制备的混凝土，而且制备工艺简单、无污染、生产能耗低。

在利用建筑垃圾再生骨料配制混凝土的过程中由于再生骨料的压碎值较高、吸水率高、外形扁平且多棱角、表面附着水泥灰浆，使得制备的掺普通减水剂的再生骨料混凝土和易性较差，混凝土坍落度损失较快，不能满足泵送施工的需求。而现有的聚羧酸减水剂无法满足再生骨料混凝土的需求，生产工艺复杂，生产时间长，效率低。

JPC 聚羧酸减水剂适用于配制再生骨料混凝土及其制品。

（2）配方

① 配合比　见表 5-18。

表 5-18　JPC 聚羧酸减水剂配合比

原料名称	质量份	原料名称	质量份
不饱和聚氧烷基单体	35~38.4	二元酸及其衍生物单体	0.5~6
一元酸及其衍生物单体	1.5~6	引发剂过硫酸铵	0.5~5
磺酸盐单体	0.4~4	水	40.6~62.1

② 配制方法　首先，称取一定量的去离子水和一定量的不饱和聚氧烷基单体投入反应釜中，加热搅拌溶解。然后，分别一次加入二元酸及其衍生物单体、磺酸盐单体，滴加入一定浓度的一元酸及其衍生物（可以事先配制好浓度，也可以在滴加的过程同步配制）。其次，在滴加入一元酸及其衍生物单体的同时，滴加事先配制好的一定浓度的引发剂过硫酸铵（浓度为 3%~15%）。滴加时间最好为 2~3.5h。接着，滴加完毕后恒温反应一段时间。反应温度最好控制在 55℃~75℃，反应时间 0.5~4h。最后，反应结束后，降温至 35℃~45℃，滴加 30% 浓度的氢氧化钠溶液进行中和，制得浓度为 40% 聚羧酸减水剂成品。反应体系浓度应控制在 40%~60%。

（3）产品技术性能

JPC 聚羧酸减水剂含有多种亲水性基团，小分子基团共聚比例较高，分子结构均匀，使得产品具有较高的减水率、分散性好，同时由于分子中含有酯键，酯键在水泥强碱作用下逐步水解，使其一段时间内不断能与水泥发生吸附，降低了混凝土坍落度损失，使得坍落度保留时间可控，可以更好地适应再生骨料制备的混凝土。JPC 聚羧酸减水剂的水泥净浆流动度检测结果见表 5-19。

表 5-19　JPC 聚羧酸减水剂的水泥净浆流动度检测结果（参照标准 GB/T 8077—2012）

折固掺量/%	含气量/%	水泥净浆流动度			混凝土和易性
		初始坍落度/mm	60min 坍落度/mm	120min 坍落度/mm	
0.18	3.6	245	270	265	良好

（4）施工及使用方法

JPC 聚羧酸减水剂掺量占再生骨料混凝土水泥质量的 0.25%～3.0%。

配方 60　用于再生混凝土骨料的纳米改性剂

国内外实验和研究资料表明，再生混凝土骨料的界面经过强化处理后，将使其各项性能得到一定程度的提高。目前国内外对于再生骨料的生产和强化处理的方法主要有：破碎干制备法、破碎湿制备法、热-机械力/热摩擦制备处理法、颗粒整形处理法、酸液浸泡处理法、表面强化处理法等。但是利用现有的强化处理方法制得的再生混凝土骨料，在工作性能、力学性能、耐久性能以及可操作性和生产成本等不同方面或多或少存在缺陷，无法满足当今高性能混凝土的技术和应用需求。

用于再生混凝土骨料的纳米改性剂制备工艺简单。将再生混凝土骨料浸入制得的改性剂中，由于纳米碳酸钙浆体和硅溶胶的复合叠加作用，一方面可以渗入再生混凝土骨料的孔隙中，提高再生混凝土骨料的密实度和力学性能；另一方面可以在再生混凝土骨料表面成膜，显著降低再生混凝土骨料的吸水性能，同时纳米碳酸钙和硅溶胶也可以和水泥浆发生作用，从而大幅度增强再生混凝土骨料和水泥浆之间的黏结性能，达到明显提高再生混凝土力学性能和耐久性能的效果。

（1）用于再生混凝土骨料纳米改性剂的配制方法

a. 采用碳化反应器生成纳米碳酸钙乳液，经脱水处理后形成含水率为 40%～60% 的纳米碳酸钙浆体；

b. 将纳米碳酸钙浆体与硅溶胶按质量比（1～2）:1 混合搅拌 5～10min，制得用于再生混凝土骨料的纳米改性剂。

所述的硅溶胶为采用一步水解法制得的粒径范围在 10～30mm 的中性硅溶胶。

（2）配制实例

① 采用碳化反应器生成纳米碳酸钙乳液，经脱水处理后形成含水率为 60% 的纳米碳酸钙浆体；

② 按质量份将 1 份纳米碳酸钙浆体，与 1 份硅溶胶混合搅拌 10min，制得用于再生混凝土骨料的纳米改性剂。

将再生混凝土骨料浸入纳米改性剂中，捞出沥干，测得骨料的吸水率从 9.9% 降到 7.5%，约降低 24%；骨料的压碎指标值从 15.6% 降到 10.3%，约降低 34%。

配方 61　城市垃圾再生混凝土用增强型外加剂

（1）产品特点与用途

城市垃圾再生混凝土用增强型外加剂由聚羧酸类减水剂、萘系高效减水剂、密胺树脂系减水剂、脂肪族高效减水剂、木质素磺酸钠、十二烷基硫酸钠、水玻璃、甲基硅酸钾、硫氰酸钠、偏磷酸钠、水组成，适用于建筑垃圾再生混凝土及其制品作增强剂。

本品与现有技术相比，具有以下特点：

① 疏水作用本品可以产生疏水效果，降低再生骨料的吸水作用，有利于混凝土和易性的形成保持和力学性能的发展。

② 低引气量本增强剂有较低的引气量，在保证混凝土的性能基础上，仅引入少量气体，以适应再生骨料的高孔隙率，相对提升了混凝土力学性能。

③ 高减水率本品具有较高的减水率，高表面活性及分散效果，减少拌合用水量，降低因再生骨料吸水作用带来的总用水量提升，降低水胶比，拌制的混凝土具有大的坍落度同时低坍落度损失，不离析、不泌水，提高了强度。

④ 辅助增强效果本品对水泥及掺合料有显著的早强增强作用，具有较高的强度比，可以起到辅助增强效果，以适应再生骨料强度低的特点。

⑤ 杂质屏蔽效果本品对于再生骨料中含量较高的泥砂有屏蔽作用，可有效降低因泥砂含量高带来的需水量高、坍落度损失大、强度低等不良效果。

⑥ 本品所用原料来源广泛、生产方法简单、生产效率高，使用效果显著、适合工业化大批量生产。

（2）配方

① 配合比　见表 5-20。

表 5-20　城市垃圾再生混凝土用增强型外加剂配合比

原料名称	质量份	原料名称	质量份
聚羧酸系减水剂(聚丙烯酸醚类聚合物)	5~40	十二烷基硫酸钠	1~3
萘系高效减水剂(β-萘磺酸盐甲醛缩和物)	5~40	水玻璃	1~10
密胺树脂系减水剂(磺化三聚氰胺甲醛树脂)	5~30	甲基硅酸钾	1~10
脂肪族高效减水剂(水溶性磺化丙酮-甲醛缩聚物)	10~40	硫氰酸钠	0.1~3
木质素磺酸盐(木质素磺酸钠、木质素磺酸钙)	10~40	水	10~65
葡萄糖酸钠	0.1~3		

② 配制方法

a. 按配比称取各原料。

b. 将上述各原料搅拌混合均匀；搅拌温度 40℃，搅拌速度 10r/min，搅拌时间 30min，制得固含量为 20%~50% 液体增强剂。

（3）产品技术性能

对 C30 泵送混凝土掺增强剂的再生混凝土的工作性能和强度检测结果见表 5-21。

表 5-21　城市垃圾再生混凝土用增强剂技术性能检测结果

增强剂掺量/%	减水率/%	泥质含量/%	坍落度/mm		强度/MPa	
			初始坍落度	60min 坍落度	7d 强度	28d 强度
1	30	2	185	155	24	39

检测表明：使用了增强剂，建筑垃圾再生混凝土的工作、力学性能有明显改善，尤其是对于降低因再生骨料的吸水、泥砂含量高等特性，导致工作性能、经时损失的降低十分显著。同时对强度有一定程度的提高。

（4）施工及使用方法

增强剂的掺量为城市垃圾再生混凝土中胶凝材料总质量的 0.5%～5.0%。

配方 62　再生骨料与沥青混合料用有机硅强化剂

（1）产品特点与用途

再生骨料混凝土的各项性能在很大程度上取决于再生骨料的性质。再生骨料与天然骨料比，具有孔隙率较高、密度较小、吸水性强、骨料强度较低等特点。其中再生骨料的吸水率过高是制约其大规模应用的最重要问题，尤其是应用于沥青混合料中，骨料吸水率过高将导致沥青用量的提高，从而明显提高再生骨料应用的成本。另外，再生骨料的吸水率过高，水分的存在导致再生骨料与沥青的黏附性不好，使得水损害发生的概率增高。一般再生细骨料的吸水率为 10%～12%，粗骨料的吸水率为 2.5%～12%，为解决制约再生骨料应用的难题，必须要对再生骨料进行强化处理。

有机硅强化剂在固化前，其中的有机硅树脂溶液能够与再生骨料空隙中的水分发生反应，固化生成网状结构的硅氧主链结构。一方面降低了再生骨料中的水分含量；另一方面在再生骨料的空隙中形成了致密的憎水有机硅薄膜，降低了再生骨料的吸水率。有机硅强化剂中的增黏剂起到了偶联作用，其含有两种不同性质的基团，其中的氯基、甲氧基、乙氧基等基团可以与骨料发生缩聚反应紧密结合；而其中的乙烯基、氨基、环氧基可以有效地黏附沥青，提高沥青与再生骨料的黏附性。有机硅强化剂中的渗透剂起到表面活性剂的作用，可以降低强化剂的黏度与表面张力，使得有机硅强化剂能够与骨料更好地接触，在骨料的空隙中固化发挥防水作用。

有机硅强化剂的主要特点：

① 本产品中合成的有机硅强化剂可以显著地降低再生骨料的吸水率，提高再生骨料与沥青的黏附性。

② 将处理后的再生骨料大比例应用于沥青混合料中，取代天然石料后，不影响沥青混合料的力学性能，并且还能减少沥青用量，大大降低成本。

③ 有机硅强化剂的合成工艺简单、成本低、绿色环保、对环境无污染。

（2）配方

① 配合比　见表 5-22。

表 5-22　有机硅强化剂（A）配合比

原料名称	质量份	原料名称	质量份
有机硅树脂溶液	70	增黏剂 γ-氨丙基三乙氧基硅烷	2
渗透剂异丁基三乙氧基硅烷	28		

② 配制方法

a. 所述的有机硅树脂溶液由质量比为 40∶10∶2∶5∶0.01∶40 的甲基三乙氧基硅烷、正硅酸乙酯、二甲基二乙氧基硅烷、乙醇、碱液和水于反应釜内，在温度为 25℃~150℃时反应合成。碱液为氢氧化钠溶液。

b. 所述渗透剂为异丁基三乙氧基硅烷、聚甲基三乙氧基硅烷、甲基氢二乙氧基硅烷、二甲基二乙氧基硅烷或异丁烯三乙氧基硅烷中的一种或者任意两种以上的混合。在本剂中，选用异丁基三乙氧基硅烷。

c. 所述增黏剂为 γ-氨丙基三乙氧基硅烷、γ-硫丙基三乙氧基硅烷、甲基氢二乙氧基硅烷、二甲基二乙氧基硅烷或异丁烯三乙氧基硅烷中的一种或者任意两种以上的混合。在本剂中，选用 γ-氨丙基三乙氧基硅烷。

③ 实施例 A　取两份由废弃水泥混凝土路面破碎而成的废弃骨料，第一份的粒径范围在 9.5~19mm，第二份的粒径范围为 4.75~9.5mm，将每一份废弃骨料分成等质量的五组。第一组喷洒占每组废弃骨料的质量百分比为 1% 的 A 型有机硅强化剂，制得再生骨料 A；第二组喷洒占每组废弃骨料的质量百分比为 2% 的 A 型有机硅强化剂，制得再生骨料 B；第三组喷洒占每组废弃骨料的质量百分比为 3% 的 A 型有机硅强化剂，制得再生骨料 C；第四组将废弃骨料浸泡（使 A 型有机硅强化剂淹没废弃骨料即可）于有机硅强化剂中 30min，制得再生骨料 E；第五组对废弃骨料不做任何处理，作为对比例。

（3）产品技术性能

① 将实施例中制得的 4.75~9.5mm 粒径和 9.5~19mm 粒径的五组样品养护 3 天后，将所有样品浸泡在水中 24h，然后进行吸水率和黏附性的测试，测试方法按照《公路工程集料试验规程》（JTG E 42—2005），测试结果见表 5-23~表 5-25。

表 5-23　9.5~19mm 再生骨料的吸水率

试样名称	有机硅强化剂掺量			浸泡时间 30min	空白
	1%	2%	3%		
实施例	3.8%	3.3%	3.2%	2.8%	8.9%

表 5-24　4.75~9.5mm 再生骨料的吸水率

试样名称	有机硅强化剂掺量			浸泡时间 30min	空白
	1%	2%	3%		
实施例	4.5%	4.0%	3.5%	2.9%	11.2%

表 5-25　再生骨料的黏附性

试样名称	有机硅强化剂掺量			浸泡时间 30min	空白
	1%	2%	3%		
实施例	3 级	3 级	4 级	4 级	3 级

从表5-23和表5-24可以看出，采用有机硅强化剂处理后，再生骨料的吸水率明显降低，并且随着有机硅强化剂用量的增加而效果越好。另外，将废弃骨料浸泡在有机硅强化剂中能够最大幅度降低再生骨料的吸水率。

从表5-25可以看出，有机硅强化剂处理后增加了再生骨料与沥青的黏附性等级。在一定的用量下，使再生骨料的黏附等级由3级升高到4级，有助于再生骨料应用于沥青混合料中。

② 实施例B：将废弃骨料浸泡于B型有机硅强化剂（配合比见表5-26）中，30min后制得再生骨料（9.5~19mm以及4.75~9.5mm），将所述再生骨料取代80%的石灰石骨料（4.75~19mm范围内），然后进行级配设计AC-16沥青混合料，采用基质70号沥青，普通石灰石矿粉进行沥青混合料拌合，该沥青混合料的体积性能及力学性能如表5-27所示。其中，以未采用有机硅强化剂B处理的废弃骨料制得的沥青混合料作为对比样。

表5-26　有机硅强化剂B配合比

原料名称	质量份
有机硅溶液(由质量比为50:8:8:10:1:30的甲基三乙氧基硅烷、正硅酸乙酯、二甲基二乙氧基硅烷、乙醇、碱液氢氧化钠溶液和水反应合成)	90
渗透剂异丁烯三乙氧基硅烷	8
增黏剂3-缩水甘油醚氧基丙基三甲氧基硅烷	2

表5-27　沥青混合料的技术指标

技术指标	对比样	实施例B
最佳油石比/%	6.1	4.9
空隙率/%	4.6	4.5
矿料间隙率/%	14.1	14.5
沥青饱和度/%	65.7	69.2
马歇尔稳定度/KN	14.85	15.89
冻融劈裂强度比/%	83	90
吸收沥青量/%	1.65	0.15

从表5-27可以看出，采用有机硅强化剂（B）处理后的沥青混合料与对比样相比，表现出了优异的力学性能。更为显著的是，采用有机硅强化剂处理后的再生骨料制备的沥青混合料的沥青用量大大降低了，这可明显降低沥青混合料的成本。而且，冻融劈裂强度比的参数得到很大提高。沥青用量的降低和冻融劈裂强度比的提高正是由于再生骨料的吸水率的降低和黏附性的提高。

配方63　再生骨料混凝土早强激发剂

（1）配合比　见表5-28。

表 5-28　再生骨料混凝土早强激发剂配合比

原料名称		用量/质量份			
		配方1	配方2	配方3	配方4
含氯化钠工业废渣		55	70	55	65
粉煤灰		10	15	7	12
硫酸铝		20	15	20	17
活化剂	硫酸亚铁	0.5	—	1	0.8
	硫酸锰	—	1.5	—	0.4
废油	废工业润滑油	0.5	0.1	—	—
	废机油	0.5	—	0.5	—

（2）配制方法　按配方准确计量将含氯化钠工业废渣、粉煤灰、硫酸铝、活化剂投入球磨机内粉磨至细度30～100目，然后加入废油混合搅拌均匀即可。

（3）掺量　按再生混凝土混合料中水泥胶凝材料质量的0.5%～1%掺入搅拌机中混合搅拌均匀，可使再生骨料混凝土早强效果明显，抗折、抗压强度增强，大幅度降低再生混凝土生产成本。

配方64　再生骨料混凝土用超早强聚羧酸高性能减水剂

（1）产品特点与用途

本品用酯醚混合工艺制得的聚羧酸高性能减水剂实现了酯类聚羧酸高性能减水剂的高减水率和高流动性及醚类聚羧酸高性能减水剂的良好适应性和保坍性，在性能上能够互补，使加入加速固化剂组分后混凝土施工的和易性和对水泥的适应性仍得到良好调整，保证再生骨料混凝土的可施工性。在聚羧酸高性能减水剂中添加增强化学黏结力的氟硅酸盐及硅酸盐的加速固化剂，使混凝土的水化反应和化学反应同时进行，加快和增强混凝土黏结力，形成混凝土早强的叠加作用，使超早强性能大大提升。配方中所采用的无机物和有机化合物均采用两种或两种以上复合使用，性能上形成叠加作用使再生骨料混凝土表面形成韧性、防水性均优良的有机无机复合膜，显著降低了再生骨料的吸水率。利用氟硅酸钠和氟硅酸锌溶液对再生骨料混凝土孔隙和微裂纹进行有效填充，明显提高了再生骨料混凝土的强度。组成材料中所使用的硫代硫酸钠和氟硅酸钠与水泥水化产生的氢氧化钙反应，生成氟硅酸钙，可以显著改善混凝土过渡区的强度，增加骨料与水泥之间的胶结性能。

超早强聚羧酸高性能减水剂适用于配制再生骨料混凝土及其制品。

（2）配方

① 配合比　见表5-29。

表 5-29　再生骨料混凝土用超早强聚羧酸高性能减水剂配合比

原料名称	质量份	原料名称	质量份
酯醚混合型聚羧酸高性能减水剂	300	硫代硫酸钠	10

续表

原料名称	质量份	原料名称	质量份
乙二胺	4.5	无水氯化钙	16
氟硅酸钠	183	二甲基甲酰胺	15.5
GJ-SP 聚氧乙烯类消泡剂	1.7	氟硅酸锌	13

② 配制方法

a. 按配比将酯醚混合型聚羧酸高性能减水剂加入复合无机盐类早强剂的水溶液中，搅拌；

b. 按配比在上述混合水溶液中加入复合有机类加速固化剂，搅拌；

c. 需现场快速施工时，加入复合氟硅酸盐到步骤 b 制得水溶液后再加入聚氧乙烯类消泡剂；需预配超早强高性能减水剂时，将氟硅酸盐组分在施工现场混凝土搅拌时计量加入。

③ 配比范围　本品各组分质量份配比范围为：酯醚混合型早强聚羧酸高性能减水剂 300~600，复合无机盐类早强剂 1~50，聚氧乙烯类消泡剂 1~6，复合硅酸盐 100~400，复合有机类加速固化剂 10~150。

所述的复合无机盐类早强剂为硫酸钠、亚硝酸钠、硝酸钙等第一组无机盐与无水氯化钙、氯化铁等第二组无机盐的任意组合。

所述的复合氟硅酸盐为氟硅酸钠、氟硅酸锌与硅酸钠或氟化钠的任意组合；所述的复合有机类加速固化剂为甲酰胺、二甲基甲酰胺固化剂与乙二胺、过氧化甲乙酮等固化剂的任意组合。

所述的酯醚混合型聚羧酸高性能减水剂和聚氧乙烯类消泡剂均为市售产品。

配方 65　再生骨料混凝土水泥混合材激发剂

（1）配合比　见表 5-30。

表 5-30　再生骨料混凝土水泥混合材激发剂配合比

原料名称	用量/质量份		
	配方 1	配方 2	配方 3
熟石膏	59	50	68
明矾石	35	33	20
无水硫酸钠	6	17	12
硫酸铝	15	15	15
硫酸亚铁	2	2	2
粉煤灰	13	13	13

（2）配制方法　将熟石膏、明矾石、无水硫酸钠和硫酸铝、硫酸亚铁、粉煤灰

等经准确配料混合后投入球磨机粉磨至细度小于12%（0.8mm 筛筛余）即可。

施工应用：本品主要用作再生骨料混凝土水泥混合材激发剂，掺量为水泥混合材质量的5%～10%。

配方66　建筑垃圾制新型墙体材料

（1）配合比　见表5-31。

表5-31　建筑垃圾制新型墙体材料配合比

原料名称		质量份
砂浆	水泥(强度等级≥42.5 级)	4
	钢渣(比表面积>4000cm²/g)	4
	砂子(粒径 15mm 河砂)	2
	炉渣(粒径≤0.2mm)	3
	粉煤灰　2 级	1
	石粉(细度 3000m²/g)	3
膨胀剂	氯化钙	18
	氧化钙(粒径 0.2mm)	150
	硫酸钙	50
	萘系减水剂	0.04
	加气剂十二烷基苯磺酸钠	0.0013
	早强剂三乙醇胺或硫酸钠	0.05～1.0
	硫酸亚铁	5
	硫酸镁	80
	防冻剂(硝酸钙)	0.16
	有机硅防水剂	0.026
	水	80
	二氧化硅颗粒(铝粉)	3.2
	建筑垃圾灰渣粉料(粒径 15mm)	450

（2）配制方法　按配比质量份准确计量将原料混合搅拌均匀即制得新型墙体材料。

（3）配比范围　本品各组分质量配比范围为建筑垃圾：砂浆 =0.8∶1，隔音材料：建筑垃圾 =1∶2。

所述隔音材料为二氧化硅（铝粉）颗粒，有机硅防水剂为甲基硅醇钠（钾）或氟硅醇钠（钾）防水剂。

所述防冻剂为氯盐阻锈类防冻剂如硝酸钙、硝酸钠、亚硝酸钠、硝酸钾、硫代硫酸钠、乙酸钠、尿素等，其作用是降低水的冰点，使水泥在负温下仍能继续水化。

本品主要应用于制作墙体材料。

配方 67　再生骨料型生态混凝土用外加剂

（1）产品特点与用途

目前，将再生骨料部分或全部代替天然骨料配制再生骨料型生态混凝土时一般采用普通的萘系减水剂或直接掺入矿物细粉掺合料。单一不全面的添加并不能弥补再生骨料低强度的缺点，也不能满足生态混凝土的性能要求。本产品提供的再生骨料型生态混凝土用外加剂能避免在制备再生骨料型生态混凝土时，强度、弹模较自然骨料普通偏低；能提高生态混凝土力学性能、耐久性能，降低混凝土碱含量，控制其孔隙结构，改善生态混凝土的生态亲和性和环境协调性，并且无毒、无危害性。

再生骨料型生态混凝土用外加剂适用于配制再生骨料混凝土及其制品外加剂。

（2）配方

配合比　见表 5-32。

表 5-32　再生骨料型生态混凝土用外加剂配合比

原料名称	质量份	原料名称	质量份
三乙醇胺	2~6	木质素磺酸钙	10~15
硅粉（活性二氧化硅固体颗粒）	34~40	烷基苯磺酸钠	0~12
硫酸铁	3~8	聚丙烯酰胺	10~15
石灰石粉料	5~8	聚丙烯纤维	15~20

（3）产品技术性能

再生骨料型生态混凝土用外加剂具有以下技术指标：

① 不易燃、无毒、非放射性物质、无腐蚀性。

② pH 值在 3.5~5 之间，固体含量为 40%~50%。

本外加剂中所述的保水剂溶解迅速，易于分散，在使外加剂本身不出现固体沉淀的同时，便于施工时增加生态混凝土的黏度，更好控制其孔隙结构；所述的早强剂为三乙醇胺，是一种有机早强剂，可提高生态混凝土早期强度，增加附着力；所述的减水剂可降低水泥用量，和硫酸铁共同作用，一定程度降低生态混凝土的 pH 值；引气剂引入的气泡细小、稳定，优化生态混凝土孔隙结构，提高其抗冻性能。外加剂中的硅粉含有的活性二氧化硅与水化反应生成的 $Ca(OH)_2$ 反应，生成更多的 C—S—H 凝胶，加快水泥水化速率，提高生态混凝土的强度。

采用了该外加剂的再生骨料型生态混凝土可以形成均匀的连通孔隙结构，有效孔隙率可以达到 28%，便于动植物及微生物栖息。同时骨料表面形成致密的 C-S-H 凝胶保护层，能提高混凝土耐化学侵蚀的能力，同时防止 $Ca(OH)_2$ 等碱性成分的溶出，改善了生态混凝土的生态亲和性和环境协调性。

采用硅酸盐类矿物和再生骨料，添加再生骨料型生态混凝土用外加剂进行试验，测试结果见表 5-33、表 5-34。

表 5-33　生态混凝土拌合物性能

水胶比	坍落度/cm	凝结时间/min	
		初凝	终凝
0.30~0.35	10~15	57	256

表 5-34　生态混凝土试块相关性能

龄期	3d	7d	28d
抗压强度/MPa	20	22	26
弯拉强度/MPa	1.2	2.3	5.2
pH 值	10.3	9.1	7.2

注：再生骨料型生态混凝土早期强度较高，4h 后的强度可达 5MPa，但后期强度变化不大。

（4）施工使用方法

本产品施工方法和实验室配制普通混凝土基本一致。

① 选材　P.O42.5 级的海螺水泥，拌合用水为生活用水，外加剂为再生骨料型生态混凝土用外加剂，骨料由废弃混凝土破碎后经过筛选得到。

② 水灰比选用自由水灰比法，骨料通过特殊工艺优化。

③ 制作方式　成型均采用 150mm×150mm×150mm 正方体试模，一次装入混凝土拌合物，并用抹刀抹平。将成型后的混凝土，带模放入温度为（20±2）℃，湿度为 50%左右的养护室中养护，24h 后，编号拆模，最后将试体放入温度为（20±3）℃的室内自然养护至规定龄期。

配方 68　建筑垃圾水泥混合材外加剂

（1）产品特点与用途

本品主要是一种用于建筑垃圾作为水泥混合材的外加剂。使用时，掺入质量分数 0.1%~0.2%的外加剂，混合材中含有建筑垃圾，占配料总质量的 15%~30%，采用本外加剂 1d、3d 和 28d 抗压强度均大大提高。建筑垃圾水泥混合材外加剂适用于配制建筑垃圾再生骨料混凝土及其制品。

（2）配方

① 配合比　见表 5-35。

表 5-35　建筑垃圾水泥混合材外加剂配合比

原料名称	质量份	原料名称	质量份
三乙醇胺(85%)	10	葡萄糖酸钠	2
山梨醇	3	聚乙烯醇	5
工业盐	10	木质素磺酸钙	5
甲酸钙	8	水	57

② 配制方法 将各组分原料混合搅拌均匀。

③ 配比范围 本品各组分质量份配比范围为：三乙醇胺 8~15，山梨醇 3~4，工业盐 8~10，甲酸钙 6~8，葡萄糖酸钠 1~2，聚乙烯醇 5~8，木质素磺酸钙 4~5，水45~58。

所述聚乙烯醇的聚合度为 80~300。

配方 69 再生骨料混凝土抗裂添加剂

（1）产品特点与用途

本品可大大改善再生骨料混凝土的物理力学性能，提高和易性、抗拉强度、黏结强度，增加砂浆的保水性和黏附能力，从而达到砂浆抗裂缝、抗渗透的目的，能够较好地解决混凝土龟裂和空鼓问题。本抗裂添加剂可替代石灰，其用量仅为水泥用量的 0.5%~0.8%，与水泥、砂和水混合配制水泥砂浆，能在 1min 内迅速改变水泥砂浆的和易性，使水泥砂浆黏性增强、强度增加，且具有活性。配比组成材料中的膨润土作为水泥砂浆的悬浮和增黏剂，可以保证水泥砂浆性能稳定，同时具有柔软膨胀性和保水性，使砂浆变得柔软可塑，富有弹性；氧化镁石膏增强砂浆凝结的强度；蒙脱石粉加速砂浆的凝结时间；石膏粉在凝结后能吸收空气中的水分子进行养护，防止建筑物龟裂；采用上述分散剂，使水泥砂浆的砂粒之间原来的滑动摩擦变为滚动摩擦而产生流动性，水泥粒子之间也互相分散，把凝聚的水泥团游离水释放出来，彻底水化，混凝土结构也更加密实。

（2）配方

① 配合比 见表 5-36。

表 5-36 再生骨料混凝土抗裂添加剂配合比

原料名称	质量份	原料名称	质量份
蒙脱石粉	11	轻烧氧化镁	24
石膏粉	11	高岭土	14
有机膨润土	21	分散剂三聚磷酸钠	9

② 配制方法

a. 将蒙脱石粉、石膏粉加入煅炼炉中，在温度 140~150℃下，煅烧 2~3h；

b. 然后将步骤 a 制得的蒙脱石粉和石膏粉与膨润土、氧化镁、高岭土、分散剂加入反应釜中，搅拌 2~3h；

c. 将步骤 b 制得的混合物粉碎过筛而得本品。

③ 配比范围 本品各组分质量份配比范围为：蒙脱石粉 10~20，石膏粉 10~20，膨润土 20~40，氧化镁 10~25，高岭土 10~15，分散剂 5~10。

所述膨润土为有机膨润土。氧化镁为轻烧氧化镁。所述分散剂为三聚磷酸钠，也可为阴离子表面活性剂。

配方70 再生骨料混凝土用改性氨基磺酸盐高效减水剂

（1）产品特点与用途

本品采用在合成反应第二阶段加入萘磺酸盐甲醛缩合物溶液和尿素新工艺，显著降低了改性氨基磺酸盐高效减水剂的成本，改变了最终合成产品相对分子质量。建筑垃圾再生骨料混凝土吸水量大，水灰比高、制品强度低。在再生骨料混凝土拌合物中掺入水泥质量的 1.0%~2.0%改性氨基磺酸盐高效减水剂即可使混凝土具有高减水率和良好的坍落度保持性能，减水率可达30%以上。60min混凝土拌合物坍落度可达195mm，水泥净浆流动度215mm，混凝土拌合物的流动性好，坍落度损失小。2h坍落度基本不损失，其高工作性可保持6~8h，很少存在泌水、分层现象。

改性氨基磺酸盐高效减水剂的分散作用强、减水率高、坍落度损失较小、早强增强效果好、对混凝土有良好的塑化作用，而且因具有低引气性、早期缓凝的特点可用作配制建筑垃圾再生骨料混凝土及其制品。

（2）配方

① 配合比　见表5-37。

表5-37 再生骨料混凝土用改性氨基磺酸盐高效减水剂配合比

原料名称	质量份	原料名称	质量份
对氨基苯磺酸钠	63	甲醛(37%)	73
苯酚	40	萘系高效减水剂粉末	20
水①	200	尿素	5
碳酸钠	调节 pH=10	水②	95

② 配制方法

将对氨基苯磺酸钠、苯酚和水①投入反应釜中，加入碳酸钠调节反应液 pH 值至10。加热升温至85℃后，开始滴加37%的甲醛，控制滴加速度，在1.5~2h内滴加完毕，保温 (87±2)℃缩合反应3.5h。加入萘系高效减水剂粉末、尿素及水②，升温并保持温度 (87±2)℃，继续缩合反应3h。最后降温出料，得浓度40%红棕色液体产品。

（3）产品技术性能

		凝结时间差/min	
外观	红棕色液体		
pH 值（10%水溶液）	8~10	初凝	-60~+90
减水率/%	≥25	终凝	-60~+90
泌水率比/%	≤70	抗压强度比/%	
含气量/%	≥3.0	3d	≥130%
收缩率比/%	≤135	7d	≥125%
		28d	≥120%

（4）施工及使用方法

本品掺量为水泥质量的 1.0%~2.0%，混凝土搅拌过程中，减水剂溶液略滞后于拌合水 1~2min 加入。

配方 71 FW-P 再生骨料混凝土专用复合高效减水剂

（1）FW-P 复合高效减水剂在水泥砂浆中的作用机理

氨基磺酸系高效减水剂对各种水泥均有较好的适应性，初始流动度较大，减水率高（25%~28%），能够更好地调整混凝土的凝结时间，有效地控制坍落度损失，具有改善新拌混凝土各种性能指标和提高工作性等作用；掺量过大容易泌水，使混凝土容易粘罐。萘系高效减水剂具有对水泥分散性好、降低水泥水化热，以及掺量小、引气性低、早期缓凝等特点；但减水率较低，保塑功能差、坍落度损失快。聚羧酸盐接枝共聚型高效减水剂多是三元共聚物，它的特点是减水率高，一般可以达到30%以上，坍落度损失很小，2~3h 内坍落度基本无损失，掺量小、后期强度较高；三者合理匹配复合，功能互补，在其中再加入被高效减水剂饱和的微珠超细粉体，使在浆体中，水泥粒子吸附减水剂分子，在表面形成双电层电位。水泥粒子由于双电层电位作用而产生分散作用；表面吸附减水剂分子的微珠及混凝土粉，除了本身由于静电排斥而产生分散外，在水泥粒子空隙之间，表面具有双电层电位的微珠及硅粉粒子起尖劈作用，使水泥粒子更容易分散，流动性更好。加上球状玻璃体微珠粒子吸水率甚低，进一步提高了水泥浆的流动性。

FW-P 复合高效减水剂中的超细粉体，在水泥浆体中，缓慢析放出减水剂分子，维持水泥粒子对减水剂分子吸附量，使水泥粒子处于分散状态，即保塑。FW-P 复合高效减水剂能较长时间保塑，但并不缓凝，如图5-4所示。

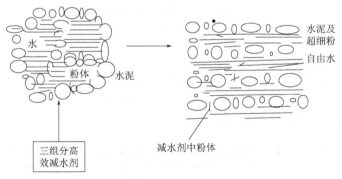

图 5-4 三组分复合减水剂对水泥浆的分散作用

再生骨料由于砂浆含量高，导致其表观密度低、吸水率高，使其在实际生产混凝土过程中工作性能差，力学性能不佳。针对现有技术的缺陷，作者根据清华大学冯乃谦教授关于高性能与超高性能混凝土技术，萘系-氨基磺酸系-超细粉体（微珠）复合高效减水剂的试验研究作用机理，研制成功 FW-P 再生骨料混凝土专用复合高效减水剂。本品由氨基磺酸系高效减水剂、萘系高效减水剂、聚羧酸盐高效减水剂、

WZ 微球超细粉、SF 硅粉复合组成。FW-P 再生骨料混凝土专用复合高效减水剂主要特点如下：

① 疏水作用。本品可以产生疏水效果，降低再生骨料的吸水率，有利于混凝土强度的发展。

② 低引气量。本品具有较低的引气量，在保证混凝土的性能基础上，仅引入少量气体，以适应再生骨料的高孔隙率。

③ 高减水率。本品具有较高的减水率，减水率可达 30% 以上，拌制的混凝土具有较大的坍落度，同时坍落度损失小，不离析、不泌水。

④ 本品复合组成材料微球及硅粉对再生骨料混凝土水泥孔隙的填充效应及微球的化学活性，使硬化的水泥浆体强度大幅度提高。微球掺入混凝土中，除了提高再生混凝土的流动性、强度以外，还能大幅度地提高再生混凝土的耐久性。

FW-P 复合高效减水剂适用于配制再生骨料混凝土及包容型再生混凝土及其制品。

（2）配方

① 配合比（表 5-38）

表 5-38　FW-P 复合高效减水剂试验配合比

原料名称	质量份	原料名称	质量份
N-4 氨基磺酸盐高效减水剂	30	微珠超细粉（粒径 1.0μm）	28
NF-1 型改性萘系高效减水剂	15	SF 硅粉	12
聚羧酸盐高效减水剂	8	水	7

② 配制方法

a. 按配方称取各原料；

b. 将以上各原料混合均匀，搅拌温度 40℃，搅拌速度 120r/min，搅拌时间 10min 制得固含量为 52% 的棕色浆状复合高效减水剂。

（3）产品技术性能　（表 5-39）

表 5-39　FW-P 再生骨料混凝土专用复合高效减水剂质量指标

FW-P 复合高效减水剂掺量	减水率/%	坍落度/mm		强度/MPa	
		初始	60min	7d 强度	28d 强度
3.5%	30	185	220	31	49.2
1.5%	23	190	195	28	45.1
0.5%	21	180	160	22	49.2
0.5%	22	180	150	22	46.2
1%	23	185	155	21.5	45

续表

FW-P 复合高效减水剂掺量	减水率/%	坍落度/mm		强度/MPa	
		初始	60min	7d 强度	28d 强度
0.5%	21	180	160	20.5	33
对比例	23.3	188	173.4	24.5	44.6

参考文献

[1] 奚强等. 聚羧酸及其用途、含有该聚羧酸的减水剂: CN 102093522A [P]. 2011-06-15.

[2] 蒋卓君等. 一种酰胺/酰亚胺高浓度聚羧酸系高性能减水剂的制备方法: CN 102101906A [P]. 2011-06-22.

[3] 石春. 一种聚羧酸减水剂的合成方法: CN 101906193A [P]. 2010-12-08.

[4] 文梓芸, 李顺. 一种聚羧酸系减水剂及其制备方法: CN 101805146A [P]. 2010-08-18.

[5] 哈丽丹·买买提等. 利用制浆黑液中沉淀的废弃纤维制备混凝土减水剂的方法: CN 101906167B [P]. 2012-05-02.

[6] 胡华强, 李华威, 张彬. 碱木质素改性脂肪族高效减水剂及其制备方法: CN 101870566A [P]. 2010-10-27.

[7] 韩周冰等. 复合聚羧酸减水剂: CN 102249591A [P]. 2011-11-23.

[8] 朱建民等. 一种聚羧酸减水剂及其制备方法: CN 101792281A [P]. 2010-08-04.

[9] 周广德, 郝明, 崔忠诚. 聚羧酸系高效 AE 减水剂与高性能混凝土 [J]. 混凝土, 2000, (03): 46.

[10] 陈国新等. 一种早强型聚羧酸系高性能减水剂及其制备方法: CN 103011669A [P]. 2013-04-03.

[11] 马清浩. 一种聚醚型羧酸减水剂及其制备方法: CN 102101758B [P]. 2013-01-02.

[12] 陈国新等. 星型聚羧酸系高性能减水剂及其制备方法: CN 102775089B [P]. 2013-08-21.

[13] 李婷等. 一种保塑型聚醚类聚羧酸高性能减水剂及其制备方法: CN 101786824B [P]. 2012-08-08.

[14] 郑柏存等. 一种聚羧酸高性能减水剂: CN 101913793B [P]. 2012-07-04.

[15] 潘冰. 聚羧酸高性能减水剂及其制备方法: CN 102399068B [P]. 2013-06-05.

[16] 竹国斌, 丁联合. 聚合合成的减水剂生产方法: CN 101885823B [P]. 2013-08-21.

[17] 黄建国, 董渊, 李志坤. 一种引气型聚羧酸系高性能减水剂及其制备方法: CN 102951865A [P]. 2013-03-06.

[18] 张华等. 一种高性能水泥混凝土聚羧酸系液体防冻剂: CN 102515614A [P]. 2012-06-27.

[19] 蒋国宝等. 酯醚混合型超早强聚羧酸高性能减水剂及其制备方法: CN 101921083B [P]. 2012-11-14.

[20] 赵德涛等. 改性聚羧酸高性能减水剂及其生产方法和使用方法: CN 102491678B [P]. 2013-09-04.

[21] 刘亚青等. 超高效聚羧酸盐减水剂及其制备方法: CN 102206058B [P]. 2013-01-23.

[22] 李萍等. 聚羧酸系泵送剂及其应用: CN 102775090A [P]. 2012-11-14.

[23] 郭执宝, 何仙琴. 聚羧酸系高减水保坍早强型高效泵送剂: CN 103241978A [P]. 2013-08-14.

[24] 徐友娟. 高性能氨基磺酸减水剂及其制备方法: CN 102898059A [P]. 2013-01-30.

[25] 管学茂, 张海波, 王明丽. 一种马来酸酐制备聚羧酸系减水剂的方法: CN 1948209A [P]. 2007-04-18.

[26] 陈国新等. 缓释型聚羧酸系高性能减水剂的绿色制备方法: CN 102161733A [P]. 2011-08-24.

[27] 陈土兴, 胡景波. 砂浆、混凝土防水剂及其制备方法: CN 101117280A [P]. 2008-02-06.

[28] 朱建民等. 一种聚氧乙烯醚单体、其合成方法及在减水剂合成中的应用: CN 101775133A [P]. 2010-07-14.

[29] 吴长龙等. 高减水高保坍型聚羧酸系高性能减水剂及其无热源制法: CN 101928114B [P]. 2015-07-01.

[30] 尚尔鹏等. 一种防腐阻锈型高性能混凝土防水剂: CN 102173637B [P]. 2012-09-26.

［31］冯恩娟等．一种低成本混凝土防冻泵送剂及其制备方法：CN 102060463B［P］．2012-07-25.

［32］李华成，胡华强，张彬．一种利用纤维素醚类生产排放废水制备混凝土外加剂的方法：CN 101863633B［P］．2012-09-05.

［33］张烨．印钞油墨废液改性成水泥、混凝土外加剂的处理方法：CN 102092985B［P］．2012-12-05.

［34］李悦等．一种抗硫酸盐侵蚀的混凝土外加剂及其制备方法：CN 102173687B［P］．2012-7-11.

［35］何仙琴．聚羧酸系高保坍零泌水高性能减水剂：CN 102173635B［P］．2013-03-20.

［36］郭诚等．一种混凝土聚羧酸减水剂常温制备方法：CN 101775107B［P］．2012-11-14.

［37］姜晓超等．一种耐230℃油井水泥用缓凝剂及其制备方法：CN 102040987B［P］．2013-04-24.

［38］钱亮等．轻骨料混凝土用聚羧酸系专用外加剂：CN 101891414A［P］．2010-11-24.

［39］朱建民等．一种混凝土聚羧酸减水剂及其制备方法：CN 102140018A［P］．2011-08-03.

［40］徐峰，刘兰，薛黎明．粉状建筑涂料与胶黏剂［M］．北京：化学工业出版社，2006.

［41］张雄，张永娟，夏小丹．一种有机硅粉末防水剂的制备方法：CN 102249593［P］．2011-11-23.

［42］南京新普新型材料厂．一种DC50新型硅烷基可再分散粉末憎水剂研制报告［R］．2016.

［43］彭献生等．再生骨料混凝土强度性质之探讨．新世纪海峡两岸高性能混凝土研究与应用学术会议论文集［C］．上海：上海同济大学出版社，2002.

［44］孔德玉，方诚，杜建根．再生骨料高强高性能混凝土配制研究［J］．工业建筑，2003，33（10）：50.

［45］向安乐等．C100高强高性能混凝土预制桩的试验研究［J］．混凝土与水泥制品，2014，（03）：30-33.

［46］臧军，赵长江，田长安．一种再生骨料表面处理剂及其配制方法：CN 102674730A［P］．2012-09-19.

［47］张雄等．一种再生混凝土用高效减水剂及其制备方法和用途：CN 103172298A［P］．2013-06-26.

［48］查晓雄，张凯．利用蔗糖减水剂制备再生混凝土的方法及再生混凝土：CN 102358687A［P］．2012-02-22.

［49］张召伟等．一种用于再生骨料混凝土的早强减水剂：CN 103145368A［P］．2013-06-12.

［50］张召伟等．一种用于再生骨料混凝土的聚羧酸减水剂及其制备方法：CN 103145363A［P］．2013-06-12.

［51］孟涛等．用于再生混凝土骨料的纳米改性剂的制备方法：CN 102153305A［P］．2011-08-17.

［52］袁翔，张雄，孙剑艳．城市垃圾再生混凝土用增强型外加剂及其制备方法和用途：CN 103030329A［P］．2013-04-10.

［53］吴少鹏等．有机硅强化剂、再生集料及沥青混合料与应用：CN 102942326A［P］．2013-02-27.

［54］陈爱玖，章青，王静．再生混凝土技术［M］．北京：中国水利水电出版社，2013.

［55］何水清．低碳利废建材生产与应用［M］．北京：化学工业出版社，2012.

［56］薛冬杰，刘荣桂，徐荣进．一种再生骨料型生态混凝土用外加剂：CN 102863175A［P］．

［57］王衡．一种高强弹性混凝土的复合添加剂：CN 1699256A［P］．2005-11-23.

［58］张亚梅等．再生混凝土配合比设计初探［J］．混凝土与水泥制品，2002，（1）：7-8.

［59］冯乃谦．高性能与超高性能混凝土技术［M］．北京：中国建筑工业出版社，2015.

［60］缪昌文．高性能混凝土外加剂［M］．北京：化学工业出版社，2008.

［61］李崇智等．21世纪的高性能减水剂［J］混凝土，2001，（5）：3-6.

［62］何文敏．高性能混凝土试验与检测［M］．北京：人民交通出版社，2012.

［63］陆凯安．我国建筑垃圾的现状与综合利用［J］．施工技术，1999，28（5）：44.

［64］孙耀东，肖建庄．再生混凝土骨料［J］．混凝土，2004，（6）：33.

［65］范小平．再生骨料混凝土的开发与研究［J］．福建建材，2006，（4）：4.

［66］李东光主编. 水泥混凝土外加剂配方与制备［M］. 北京：中国纺织出版社，2011.

［67］冷发光等. 低品质粉煤灰和矿渣（磷渣）掺合料在混凝土中有效利用的研究［J］. 建筑砌块与砌块建筑，2008，（3）：40-44.

［68］GB/T 1596—2005，用于水泥和混凝土中的粉煤灰.

［69］方军良，陆文雄，徐彩宣. 粉煤灰的活性激发技术及机理研究进展［J］. 上海大学学报（自然科学版），2002，8（3）：255.

［70］广西壮族自治区墙体材料改革办公室. 新型墙体材料施工应用技术［M］. 北京：中国电力出版社，2011.

［71］刘娟红，宋少民. 绿色高性能混凝土技术与工程应用［M］. 北京：中国电力出版社，2011.

［72］吴中伟，廉慧珍. 高性能混凝土［M］. 北京：中国铁道出版社，1999.

［73］陈长明. 精细化学品配方工艺及原理分析［M］. 北京：北京工业大学出版社，2002.

［74］宋少民，刘娟红. 废弃资源与低碳混凝土［M］. 北京：中国电力出版社，2016.

［75］李永德，陈荣军，李崇智. 高性能减水剂的研究现状与发展方向［J］. 混凝土，2002，（9）：10.

［76］住房和城乡建设部标准定额司，工业和信息化部原材料工业司. 高性能混凝土应用技术指南［M］. 北京：中国建筑工业出版社，2015.

［77］佟令玫，李晓光. 混凝土外加剂及其应用［M］. 北京：中国建筑工业出版社，2014.

［78］文梓芸，李顺. 一种聚羧酸系减水剂及其制备方法：CN 101805146A［P］. 2010-08-18.

［79］柯海军，武森涛. 早强型聚羧酸高性能减水剂：CN 103304181A［P］. 2013-09-18.

［80］黄建国，董渊，李志坤. 一种缓释型聚羧酸系高性能减水剂及其制备方法：CN 102849978A［P］. 2013-01-02.

［81］孙振平，黄雄荣. 以烯丙基聚乙二醇为原料的聚羧酸系减水剂及其合成方法：CN 101186460A［P］. 2008-05-28.

［82］郭执宝，何仙琴. 聚羧酸系高减水保坍早强型高效泵送剂：CN 103241978A［P］. 2013-08-14.

［83］李嘉. 混凝土外加剂配方与制备手册（三）［M］. 北京：化学工业出版社，2014.

［84］杨德志等. 再生骨料混凝土制品复合外加剂及其应用：CN 101767954A［P］. 2010-07-07.